KB152673

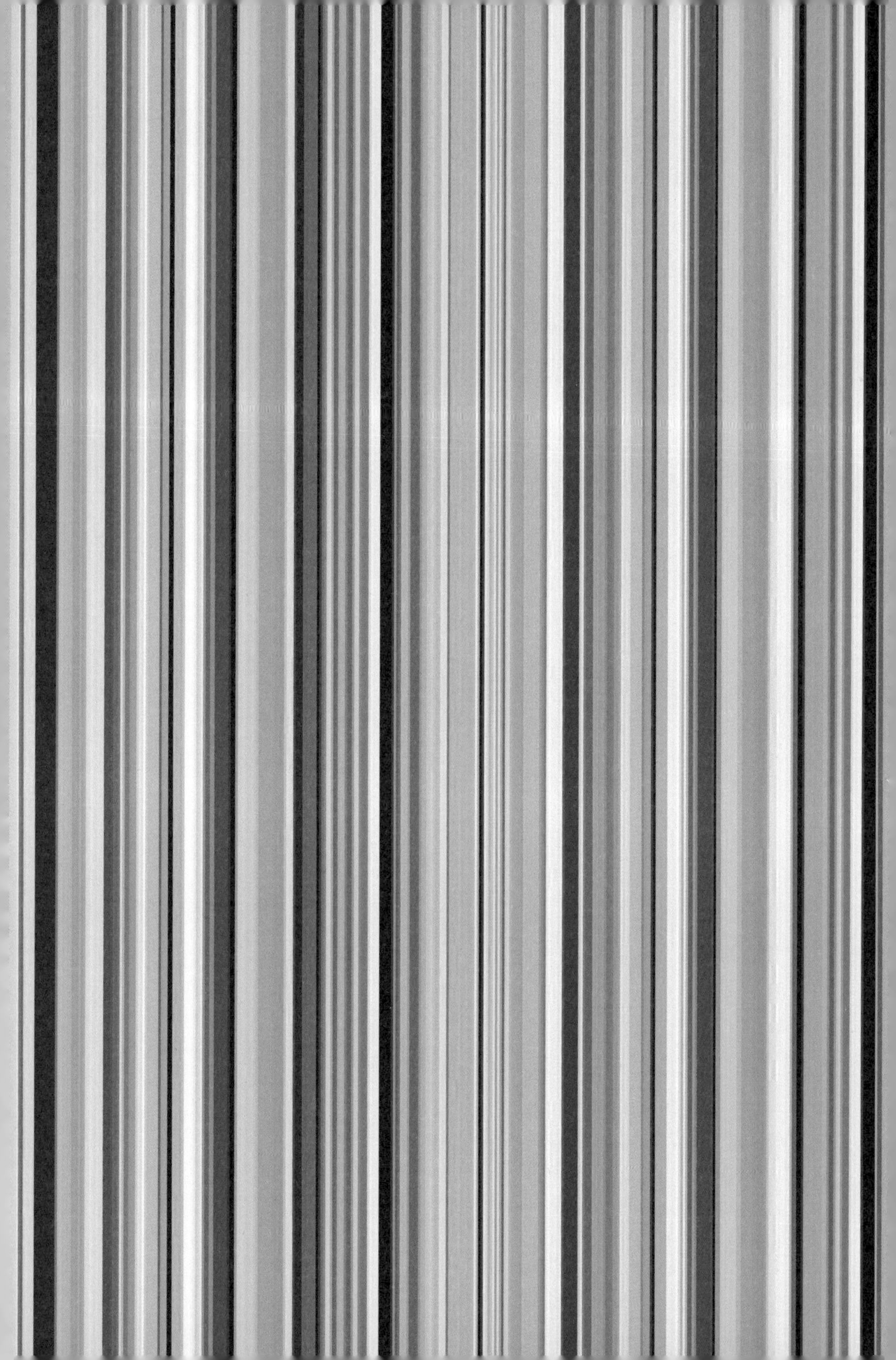

# 남자 패션의 정석

# MAN'S LOOK BOOK

# 남자 패션의 정석

기본만 알아도
스타일이 완성된다

**제프 랙** 지음

**강창호 김상진 박종철 송민우
이수형 심규태 장인형** 옮김

티움

저자의 말

# 패션이 당신을 말하게 하라

21세기를 살고 있는 지금, 남자를 대변하는 것은 무엇일까? 직업, 타고 다니는 자동차, 여자 관계, 근육질 몸매, 고가의 아파트? 이렇게 말하는 사람도 있겠으나 아무래도 다른 것을 좀 찾아야 하지 않을까? 물론 지갑에 얼마가 있고, 헬스클럽에서 얼마나 무거운 바벨을 드는지를 말하려는 게 아니다.

과거 신사는 자신의 스타일을 통해 개성을 드러내곤 했다. 자신의 스타일을 보여줘야 한다는 사회적 기대에 부응해가며 이를 인식하고 최선을 다했다. 이들은 내적으로나 외적으로 자신의 모습을 최고로 가꾸고자 노력했고, 그런 외양에는 자부심이 풍겼다.

언제부터 외모에 무관심해진 걸까? 1960년대와 1970년대, 종래의 생활 양식에서 벗어나고자 했던 얼터너티브 라이프스타일alternative lifestyle이 유행하면서 외모에 대해 다른 시각이 생겼다. 꾸미기보다는 편안함이 미덕이 된 것이다.

지금은 무엇이든 허용된다. 1990년대 초반 외모에 관심을 갖기 시작한 메트로섹슈얼metrosexual이 나타나면서 가꾸는 남성이라는 주제가 조명 받게 되었다.

무엇이든 자신의 수고가 들어가면 오래간다. 그루밍grooming, 헤어스타일, 옷의 앙상블은 남자를 남자로 인식하게 만드는 과정이다.

이제 남자들도 자신을 가꾸는 데 게으름을 피우지 않는다. 스타일에 대한 자부심도 크다. 자기 자신이 스스로에게 가치를 부여할 때, 상대도 나를 가치 있는 사람으로 본다.

이 책은 모든 남자를 위한 패션의 정석이다. 키, 체격, 피부 톤과도 상관없다. 부디 이 책을 잘 활용하여 특별한 이벤트가 있는 날이나, 쇼핑을 할 때 참고하기 바란다. 여기에 담긴 모든 내용은 필자가 전문 스타일리스트로서 그 역할을 충실하게 수행했음을 알리는 증거다.

제프 랙

**옮긴이의 말**

# 어디서 만날까? 어떻게 입을까?

또 한 권의 책이 나왔다. 경영자, 임원 경력을 가진 일곱 명의 남자가 '참여형 북펀드' 방식으로 이 책을 세상에 내놓았다. 비록 한두 명을 제외하고는 패션에 대한 이해와 감각이 일반적인 수준을 벗어나지 못하지만, 자신들의 주 분야인 경영이 아니라 민감함과 감각이 필요한 문화 영역에 도전했다. 일견 무모한 면이 있다. 개인적인 관심으로 보면 자격이 충분하지만, 책으로 나오는 작업이기에 부담이 되었다. 하지만 시대가

변했고, 지금 이 순간에도 계속 변하고 있다는 것이 동기와 자극이 되었다. 우리같이 패션에 일반적인 수준의 관심을 가진 이들에게 도움이 될 수도 있겠다는 믿음이 생긴 것이다. 비즈니스 현장에서 매일 접하는 현실적인 고민은 '어디서 만날까?'와 '어떻게 입을까?'이기 때문이다.

앞서 말했듯, 이 책은 '참여형 북펀드' 방식으로 세상에 나왔다. 북펀드에 참여한 일곱 명은 번역은 물론 출간 비용 전액을 투자했고 이 책이 세상에 제 쓸모를 다하도록 알리고 나누는 활동에도 적극 참여할 것이다.

'참여형 북펀드'를 통해 우리는 상호 교류와 협력으로 책을 만든다는 색다른 가치와 즐거움을 찾았다. 더 나아가 출판문화산업 활성화에 기반이 되는 구조를 만드는 데도 일익이 될 것으로 기대한다.

투자활동의 일환인 만큼 투자 수익을 기대하는 것은 당연하지만, 책을 내는 작업에 적극적으로 참여한다는 가치와 그 활동 과정에서 느끼는 행복으로도 ROI(투자수익률)는 이미 채운 셈이다.

물론 세상이 이 책에 얼마나 관심을 가질지, 또 어떤 반응을 보일지 상상하면 심장이 두근거린다. 북펀드 운영자로서 다소 부담이 되기도 하지만 이 일은 어떻게 봐도 재미있는 작업이다.

*'참여형 북펀드' 개념은 〈간행물 윤리〉 2004년 9월호에 발표되었다. 최근 북펀드 출간물로는 2015년 《물을 거슬러 노를 저어라》, 2013년 《리스판서블 컴퍼니 파타고니아》가 있다.

모든 남자가 자신의 스타일을 갖기 바라며…

옮긴이를 대표하여 심규태가 씀

차례

차례

# 패션 용어

**각질제거제(스크럽)** 피부 노폐물과 각질을 제거하여 피부결을 정돈하는 제품. 피부를 매끄럽게 만든다.

**구둣골** 구두 안에 끼워 넣어 구두를 원래 형태로 돌리거나 형태가 틀어지지 않게 유지해주는 도구.

**그루밍** 전반적으로 '몸단장', '손질'을 의미하는 말이다. 헤어나 피부 등의 치장을 위한 상품을 통틀어서 그루밍 상품이라고 칭한다.

**넥타이핀** 넥타이를 와이셔츠에 고정하는 아이템.

**니트 타이** 니트를 소재로 한 넥타이.

**더블 몽크** 버클이 붙은 가로 띠(스트랩)를 덧붙인 구두나 샌들을 몽크 스트랩이라고 하고, 여기에 스트랩이 두 개 붙으면 더블 몽크라고 한다.

**더블 버튼 블레이저** 버튼이 네 개 달린 재킷. 덧붙여 콤비 재킷은 다른 색 두 가지를 매칭해서 만든 재킷을 이른다.

**더블 브레스티드 블레이저** 단추가 두 줄로 달린 재킷. 여섯 개의 단추 중 세 개를 여미는 것과, 네 개의 단추 중 두 개를 여미는 것이 있다.

**더비 구두** 끈으로 묶어 신는 신발 위에 가죽을 덧댄 신발.

**데오드란트** 암내를 제거하는 용도의 제품. 롤러볼 방식의 데오드란트가 일반적이다.

**데저트 부츠** 금속으로 마감된, 단춧구멍이 두 쌍 혹은 세 쌍 있고 높이가 복숭아뼈까지 올라오는 부츠.

**드롭 크로치 바지** 바지의 밑부분을 느슨하고 여유 있게 재단한 바지.

**데님** 두꺼운 면직물의 일종으로 질겨서 매우 실용적인 원단.

**라이더 부츠** 발목까지 올라오는 부츠로, 워커보다 투박한 느낌이 드는 것들이 많다.

**라펠 핀** 테일러드 재킷 등의 라펠(아랫깃)에 장식하는 핀.

**레이스업 구두** 끈으로 묶는 신발.

**로퍼** 끈이 없이 편하게 신을 수 있는 굽이 낮은 구두.

**리버티 셔츠** 자잘한 꽃무늬 셔츠.

**밀리터리 부츠** 군화 스타일의 부츠.

**베스트** 소매가 없는 옷으로, 흔히 조끼라고 한다.

**봄버** 허리까지 오고 품이 넉넉하며 소맷부리와 밑단에 밴드가 달린 재킷.

**부토니에르** '단춧구멍'을 뜻하는 프랑스어로, 턱시도나 양복류의 단춧구멍이나 혹은 그 구멍에 꽂기 위한 꽃을 가리킨다.

**브로그 구두** 구두 앞부분 가죽에 구멍 뚫어 장식한 구두.

**블레이저** 재킷의 일종으로 콤비 상의를 총칭.

**새철백(사첼백)** 손잡이가 있는 견고한 가방. 어깨끈이 달려 있기도 하다. 핸드백과 서류 가방을 결합한 것이다.

**생지 데님** 워싱이 거의 되지 않은 데님 팬츠.

**셀비지 스타일** 바지의 마감 방식을 말하는 것으로, 흔히 바짓단을 롤업해 입는 데님 바지에서 마감 처리된 끝부분이 흰색이고 빨간색이 들어간 스타일.

**셔츠 스터드** 셔츠 옷깃에 다는, 탈부착이 가능한 소형 장식 단추.

**스니커즈** 캔버스 슈즈와 같으나 밑창이 고무로 되어 있다.

**스마트 캐주얼** 편하지만 단정하고 적당히 격식을 차린 캐주얼.

**스티칭** 바느질 방식 또는 바느질로 문양을 만든 것. 보통 청바지의 엉덩이 포켓에서 볼 수 있다. 주로 상표가 스티칭으로 처리되어 붙어 있다.

**슬립온 로퍼** 쉽게 신고 벗을 수 있게 디자인된 로퍼.

**싱글 버튼 재킷** 단추가 하나 달리면 싱글 원버튼, 한 줄로 두 개가 달려 있으면 싱글 투버튼이라고 한다.

**에스파듀(에스파드류, 에스파드리유)** 노끈으로 만든 밑창이 특징인 여름용 신발.

**왁싱** 털을 뽑아 매끈하게 하는 것.

**우븐 스트라이프/셀프 스트라이프** 바탕색과 같은 색의 실을 이용하여 짠 스트라이프를 총체적으로 이른다.

**버튼업 셔츠** 셔츠 옷깃 양 끝에 고리를 내어, 깃의 양 끝을 여미는 모양으로 된 셔츠.

**치노 바지** 면바지.

**캔버스 벨트** 천 소재의 벨트.

**커프 링크스** 셔츠 소맷부리에 쓰이는 장식 단추.

**커프스** 셔츠 소맷부리.

**크루넥** 옷깃이 없는 라운드넥.

**클럽 타이** 사선 무늬가 들어간 넥타이.

**클레이 왁스** 약간 뻑뻑한 느낌이 있는 왁스로, 조금만 사용해도 강하게 세팅된다.

**타이 바** 넥타이를 여미는 액세서리의 일종으로, 클립처럼 끼워서 여밀 수 있다.

**테이퍼드 핏** 허리에서 바지 밑단으로 내려가며 통이 점점 좁아지는 바지.

**파나마 햇** 식물의 어린잎 섬유를 소재로 만든 모자. 챙이 넓지 않은 밀짚모자.

**페이스 클렌저** 흔히 클렌징 폼이라고 하는 거품 비누.

**폴로 스타일** 목부위에 오픈된 옷깃이 있는 티셔츠.

**프론트턱 주름바지** 허리선에 한 줄이나 두 줄로 주름을 두껍게 잡은 바지.

**피코트** 단추가 두 줄로 6~8개 달리고 길이가 짧은 스포티한 코트.

**필러** 주사를 사용해 피부와 유사한 보형물을 피부 안에 '채우는' 시술. 얼굴의 볼륨감을 살린다.

**핏** 옷을 입었을 때의 전체적인 실루엣을 말한다.

**포켓 행커치프** 양복 가슴에 장식하는 손수건.

**하이톱 슈즈(하이탑 슈즈)** 발목을 감싸는 높이의 운동화.

**헤링본 패턴** V 자형 또는 S 자형 띠 모양의 패턴.

**힐 컵** 신발 안쪽 뒤꿈치에 들어간 플라스틱 컵.

여기 설명된 용어는 글자에 색을 넣어 표시했다.

1장

# 스타일로 보여주는 신뢰성

'믿음을 얻다.' 신뢰성을 묘사하는 또 다른 말이다. 신뢰성은 진실함, 합리성, 믿음에 관한 것으로 자기 자신과 다른 사람들 앞에서 솔직해질 때 생긴다. 자신이 무엇을 하는지, 어떤 사람인지, 그리고 사람들이 자신을 어떻게 바라보는지와 관련이 있다.

신뢰성은 겉으로 드러나는 자신만의 브랜드이며, 첫인상과 아주 밀접한 관련이 있다. 대체 신뢰성이란 무엇일까? 어떻게 드러나는가?

옷 입는 스타일에 신뢰가 묻어난다는 것은 스타일에 자기 자신이 반영되었다는 말과 같다. 나이에 걸맞은 센스 있는 옷차림을 통해 진정한 자신이 드러난다. 여기에 디테일한 개성을 얹는다면, 신뢰와 더불어 자신이 어떤 사람인지 넌지시 보여줄 수 있다. 자신을 어떻게 드러낼 것인가? 주변 분위기에 따라가는 사람인가, 아웃도어 활동을 즐기는 사람인가? 자신의 진짜 모습을 말이 아닌 옷과 액세서리, 스타일로 어떻게 전달할 수 있을까?

금융업계에 종사하면서 틈날 때마다 암벽 등반을 즐기는 사람을 상상해보자. 금융업계에서는 일을 할 때 갖춰야 하는 엄격한 드레스 코드가 있다. 정장 차림일 것, 넥타이를 맬 것. 이러한 비즈니스 옷차림에 등반가라는 자기 삶의 일면을 어떻게 반영할 수 있을까? 산을 연상시키는 나무나 바위 색감의 멋진 스카프나 커프 링크스를 할 수 있다. 아니면 비즈니스 정장과 잘 어울리는 백팩을 활용해도 좋다. 업무 차림이라고 경직되기보다는 약간의 재미를 더할 수도 있다. 자신만의 스타일은 이런 식으로 만들어가는 것이다.

일반적으로 사람들은 외면을 보고 상대방에게 끌리곤 한다. 외면에서 그 사람의 자신감과 진실함을 느끼기 때문이다. 말하자면, 패션 감각을 드러내고 세심하게 스타일링 하여 신뢰성을 확보하는 것이다.

누군가를 만날 때, 상대가 당신을 이해한다고 생각하는가? 그들이 당신의 개성, 겉모습, 이미지와 이 모든 걸 통틀어 전달하는 암묵적 메시지를 파악한다고 보는가? 과연 당신이 갖고 있는 신뢰성과 진실성을 파악하고 있을까? 말과, 말없이 표현되는 것들이 긴밀히 연결되어 있는가?

이 모든 것들이 아무런 방해 없이 잘 연결될 때 당신은 신뢰성 있는 사람으로 인정받는다. 신뢰성은 다른 이에게 전달되는 명확한 메시지와 진정성으로 표현된다.

## POINT

- 진정성을 보여라. 스스로를 속이지 말고 진실하라.
- 나는 어떤 사람인가, 이를 어떻게 세상에 드러낼 것인가. 이 둘을 균형 있게 조합하여 멋진 시너지 효과를 만들어라.
- 커프스는 은근하게 개성을 드러낼 수 있는 좋은 위치다.
- 나이에 걸맞은 스타일링이 가장 자연스럽고 세련된 법이다.

2장

# 핏, 컬러, 스타일

자신에게 어떤 색이 가장 잘 어울리는지 어떻게 알 수 있을까? 자기 체형의 단점을 어떻게 보완하고 장점을 내세울지 알고 있는가? 자기만의 스타일링 취향이 있는가?

창의적이고 개성 있는 스타일을 평가하는 데 기준이 되는 요소가 있다. 바로 '핏, 컬러, 스타일'이다. 생김새가 모두 다르듯, 체형이나 성격도 그렇다. 누구에게나 각자 독특한 자기만의 코드가 있고, 그 코드를 '핏, 컬러, 스타일'로 풀어낼 수 있다. 이제 이 세 가지 요소를 활용하여 코드를 풀어보자. 이 장을 마칠 때쯤이면 당신도 자기 자신을 가장 잘 표현하는 방법을 찾아낼 것이다.

마음에 꼭 들게 '잘 차려입은' 사람을 만났을 때, 무엇 때문에 그렇게 보이는지 콕 집어 말하기 힘든 경우가 있다. '잘 차려입은' 멋진 사람은 정작 극히 평범한 하루, 오히려 몹시 엉망인 하루를 보내고 있을지도 모르는데, 다른 사람에게는 그 사람이 아주 즐겁고 활기찬 하루를 보내는 것처럼 보이기도 한다. 이처럼 그럴듯하게 보이는 사람이 갖춘 세 가지 요소가 바로 핏, 컬러, 스타일이다.

## 핏

핏은 스타일의 공식을 완성하는 가장 중요한 요소다. 핏을 제대로 갖추지 못했다면, 아무리 좋은 아르마니 정장일지라도 허름해 보인다. 체형에 꼭 맞는 핏은 사람들의 눈을 끄는 좋은 포인트가 된다. 이럴 때 '핏이 산다'고도 말하는 것이다. 완벽한 핏은 보기에 좋을 뿐 아니라 입는 이도 편안한 느낌을 받는다.

바지 밑단이 너무 길어 바닥에 질질 끌며 다닌 경험이 있는가? 셔츠가 너무 타이트한 나머지 목까지 버튼을 잠그지 못하는 사람들을 본 적은 없는가? 혹은 너무 타이트한 옷을 입어 단추와 단추 사이 혹은 이음새가 벌어지는 경우는? 헐렁해진 바지를 입었을 때 엉덩이 아랫부분이 축 늘어진 모습은 어떤가? 옷을 잘 갖춰 입으려면 지금 언급한 핵심 핏 라인들을 모두 신경 써야 한다.

<u>핏이 좋은 의류를 선택하는 방법</u>

- 셔츠 옷깃: 손가락 하나가 들어갈 정도의 여유를 두고 여민다.
- 커프스: 시계를 편히 찰 수 있어야 한다.
- 바지 허리: 바지 단추를 채웠을 때 적어도 손가락 하나가 들어갈 수 있어야 한다.
- 바지 엉덩이 부분: 앉았을 때 당김 없이 편안함을 느낄 수 있게 여유를 둔다.
- 바짓단: 접었을 때 신발 위쪽으로 한 단 올라간 정도가 좋다. 이보다 더 많이 접으면 신발과 바지 사이가 너무 비어 과한 느낌이 든다.
- 셔츠/재킷 어깨: 옷의 재봉선이 어깨 라인 바깥으로 넘치지 않아야 한다.

- 셔츠/재킷 가슴: 움직일 때 당기거나 벌어지지 않아야 한다.
- 재킷 길이: 팔을 내렸을 때, 손가락 관절에서 끝나는 길이여야 한다.
- 재킷 소매 길이: 손목뼈에 닿는 길이가 적당하다.
- 재킷 허리둘레: 배가 가장 많이 나온 부분을 기준으로 당기거나 압박하지 않아야 한다.

## 컬러

색을 고르고 매칭할 때는 자신의 머리색, 눈동자 색, 피부 톤과의 조화를 고려해야 한다. 이 세 가지 색과 잘 어울리는 색을 파악하면 적절한 옷을 고르고, 자신만의 컬러 센스를 키우는 데도 도움이 된다. 물론 이 말은 옷을 얼굴 주변에 매칭했을 때 어울리는 색상을 고를 때 해당하는 얘기지, 얼굴 아래부터 스타일링 할 옷의 색상을 고르는 것과는 관련이 없다.

피부 톤과 너무 비슷한 색을 선택하면 인상이 흐릿해 보인다. 아주 강하고 명확히 대조되는 색을 선택해도 외모를 가리긴 마찬가지다. 자신의 피부에 부드럽게 어울리면서 건강하게 보이는 색을 찾아라. 목 주변에 다양한 조합의 색을 걸쳐보고 무엇이 가장 잘 어울리는지 살펴라. 자신이 좋아하는 색이라도 자연스럽게 어울리지 못하고 이미지를 흐트려 놓는 경우가 있다. 이럴 때는 피부와 해당 색상 사이에 흰색이나 검은색을 섞으면 나아 보인다.

## 스타일

스타일은 특별한 비밀 재료다. 자신의 개성, 이미지, 스토리를 표현하는 핵심 요소이기 때문이다. 내면의 진실성, 정직함과 관련 있으며, 개성을 시각적으로 드러낸다. 그렇다면 어떻게 나만의 스타일을 옷에 드러낼 수 있을까?

하지만 스타일에 너무 집중한 나머지 자신의 개성이나 사람 자체가 압도되어서는 안 된다. 취향에 맞는 옷을 고른다는 생각이 중요하다. 트렌디한 패션이 모두 자신에게 어울리는 것은 아니다. 트렌디한 패션을 좇다 보면 치수와 색 조합이 나와 맞지 않아 스타일 자체가 망가질 수 있다. 패션은 돌고 돈다. 트렌디한 패션을 좇지 않아도 되는 이유다. 클래식한 아이템을 몇 종류 갖춰놓으면 트렌드에 상관없이 다양하게 활용할 수 있다.

## POINT

- 스스로를 분석하라. 어느 누구도 나보다 자신을 잘 알 수 없다.
- 알맞은 핏이 핵심이다. 몸에 맞게 입어라. 완벽한 핏을 원한다면 맞춤옷을 선택하라.
- 피부색을 고려하여 어떤 색이 가장 잘 어울리는지 분석하라.
- 최신 트렌드가 자신과 맞지 않을 수도 있다.

3장

# 나만의 머스트해브 컬러

색은 그날의 콘셉트를 결정하기도 한다. 색은 자기 자신뿐 아니라 주변 사람들에게도 영향을 준다. 색을 잘 활용하면 삶이 긍정적이고 희망적으로 바뀐다는 말이다. 그만큼 색이란 '최상의 이미지'를 만드는 데 빠질 수 없는 요소다. 어떤 셔츠를 꺼내 입었을 때 주위 사람들의 반응이 가장 좋았는가? 그 셔츠의 색상이 바로 당신을 돋보이게 만든다는 사실을 기억하라.

아방가르드, 즉 이전에는 볼 수 없었던 색상의 조합이 트렌디한 스타일을 만든다. 검은색과 갈색의 조합, 검은색과 파란색의 매치 등이 그렇다. 하지만 자신에게 어울리는 색을 찾는 것이 먼저다. 오히려 스타일을 죽이고 생기 없게 만드는 색이 있기 때문이다. 다른 사람에게 어울리는 색이 당신에게는 전혀 어울리지 않는 경우도 많다.

색을 선택하기가 어렵다면, 절대 실패할 확률이 없는 일명 보장성 색 조합을 활용하는 것도 방법이다. 이 장에 다양한 사진을 실었다. 여기 나온 색과 스타일을 참고하면 누구에게나 무난히 어울리는 색 조합을 만들 수 있다.

최신 트렌드를 파악하고 관련된 아이디어를 얻고자 한다면 22장 '스타일링 아이디어를 얻는 법'(173쪽)을 참고하자. 자신에게 맞는 색 조합은 대부분 여러 번 주의 깊게 관찰하고 연구해야 찾을 수 있다. 물론 아주 우연한 기회에 내게 맞는 최고의 색 조합을 찾게 되는 경우도 있다.

파란색 계열 색 세 가지를 골라 각각 테스트해보자. 휴대전화나 디지털 카메라로 자신을 찍어 그중에서 자신의 피부 톤에 가장 잘 어울리는 색을 기억한다. 셋 중 하나는 다른 두 개보다 확실히 나아 보일 것이다. 분홍색 계열의 색으로 똑같이 해보자. 그렇게 여러 색을 비교하다 보면 파랑이든 분홍이든 초록이든 상관없이, 같은 계열 안에서도 자신에게 어울리는 것이 짙은 색인지, 가벼운 파스텔 계열인지, 그 중간 즈음의 색인지 알 수 있다. 덧붙여 자신에게 잘 어울리는 색상 패턴도 찾을 수 있다. 자신의 머스트해브 컬러를 찾게 되면 유사한 색상 조합을 만들어 옷장을 채우면 된다.

## POINT

- 얼굴과 어울리는 색은 외모에 생기를 불어넣는다.
- 많은 사람이 시도하여 이미 입증된 색 조합을 참고하라.
- 얼굴에 다양한 조합의 색들을 매칭하면서 가장 잘 어울리는 것을 찾아라.

검은색, 흰색, 황갈색

검은색, 흰색, 올리브그린색

검은색, 흰색, 회색

검은색, 흰색, 워싱 데님

네이비색, 흰색, 올리브그린색

네이비색, 흰색, 회색

네이비색, 흰색, 크림색

네이비색, 흰색, 황갈색

네이비색, 흰색, 초콜릿브라운색

은회색, 흰색, 라임그린색

데님과 데님. 같은 데님이라도 반드시 색이 차이 나야 한다.

검은색과 검은색, 다크초콜릿색이나 황갈색으로 포인트를 준다.

흰색과 흰색. 다크초콜릿색이나 황갈색으로 포인트를 준다.

4장

# 일상적인 그루밍

외모는 중요하다. 헤어와 피부 케어 제품을 기능별로 갖추어 사용하는 것이 이제는 아주 자연스럽다. 남성도 예외는 아니다. 수분 크림, 아이크림, 각질제거 스크럽, 나이트 크림, 헤어와 수염용 오일 등을 일상적으로 사용하는 남자들이 늘었다. 이런 기초 케어 제품들은 남성의 피부와 헤어를 산뜻하고 젊게 유지하는 데 큰 도움을 준다.

외모 가꾸기를 부끄러워하지 마라. 그루밍을 생활화하여 헤어스타일과 외모를 깔끔히 관리하자. 수분 크림을 바르는 것만으로도 어젯밤 숙취가 감춰진다고 생각해보라. 자신을 위해서도 좋지만, 상대를 배려하는 습관이 되기도 한다.

## 추천하는 헤어와 피부 케어 방법

헤어 및 피부 케어를 위해 남성이 꼭 해야 할 것은 무엇일까? 일상적인 케어 방법을 소개한다.

### 매일 할 것

- 매일 샤워하라(비누 대신 보디워시를 사용할 것).
- 데오드란트를 사용하라.
- 페이스 클렌저로 세수하라(비누가 아니라).
- 치실과 치간 칫솔을 사용하라.
- 자외선 차단 크림 혹은 수분 크림을 바르자. 저녁 세안을 싹 하고 얼굴과 눈에 나이트 크림을 바른다.
- 자신만의 시그니처가 될 수 있는 은은한 향수를 매일 뿌려라.

### 1주 단위로 할 것

- 개인차는 있지만, 대개 샴푸 후 이틀째 스타일이 가장 보기 좋다. 내 스타일이 살아나는 샴푸 주기를 찾아라.
- 일주일에 2~3회 얼굴의 잔털을 다듬고 면도하라.
- 일주일에 2~3회 각질을 제거하라(각질제거 크림에는 스크럽이 있어 죽은 피부를 벗겨낸다).

### 2주 단위로 할 것

- 손톱과 발톱을 손질한다. 손톱이 길면 당연히 지저분해 보인다.

### 1개월 단위로 할 것

- 머리카락을 자르거나 다듬고 눈썹도 같이 정리한다.
- 귀털과 코털을 제거한다(요다처럼 보이는 건 싫지 않은가).
- 다음 달 미용실과 왁싱숍에 미리 예약하라. 보기 좋은 헤어스타일에는 항상 좋은 헤어스타일리스트가 있기 마련이다.

- 아래쪽 '정글'도 정리하라는 정도로만 말하겠다. 깔끔하게 다듬는 것만으로도 충분하다.

6개월 단위로 할 것

- 새 칫솔을 구입하라. 무뎌지고 박테리아로 가득 찬, 다 해진 칫솔을 굳이 남에게 보일 필요는 없다. 집에 방문한 사람들에게 내가 단정치 못한 사람임을 광고하는 것과 같다. 화장실 선반에 칫솔을 여러 개 구비해놓으면 편하다.

1년 단위로 할 것

- 1년에 한 번(예를 들어 생일) 얼굴 마사지를 받아라(최소 며칠간 젊음을 되찾은 기분이 들 것이다). 괜찮다면 더 자주(세 달에 한 번) 받아도 좋다.
- 치아 미백도 고려함직하다. 특히 레드 와인이나 커피를 즐겨 마시는 사람이라면!
- 치과에 들러 정기 검진을 받고, 스케일링을 하라.

## 헤어

헤어는 어떻게 관리해야 할까? 현대 남성을 위한 관리법을 소개한다.

스타일링

자신이 원하는 헤어스타일이 있다면 왁스나 포마드 혹은 클레이 왁스를 사용하라. 하지만 너무 심하면 모자란 것만 못하다. 미용실에 갔을 때 헤어스타일리스트에게 자신의 모발에는 얼마만큼이 적당할지, 어떻게 바르면 좋을지 확인하는 것도 좋다.

헤어 젤은 더 이상 헤어스타일링 제품이 아니다. 10년 전에 어울렸던 헤어스타일이 여전히 세련된 경우는 별로 없다. 헤어스타일리스트와 신선한 인상을 주는 새로운 스타일에 대해 의논하자. 새로운 변화를 두려워 마라. 헤어스타일과 관련된 디테일은 어떤 게 있을까?

### 삭발

부지런해야 한다. 아주 짧게 깎거나 아예 밀어라.

### 수염

수염을 기르는 데 가장 고비가 되는 시기는 기르기 시작한 지 3일째부터 완벽하게 기르기까지다. 강한 남성적 모습과 턱선을 연출하고 싶다면 수염이 제격이다. 턱선이 얇거나 이중 턱인 남자에게 수염은 신이 준 선물이다.

수염을 기르거나 머리를 밀면 가끔 자신이 가진 것 이상의 모습이 드러나기도 한다. 평범한 외모를 지닌 많은 남자들이 '민머리와 수염'을 조화시켜 자신의 새로운 모습을 발견하고 있다.

## 모발 관리법

모발을 보호하거나 손상된 모발을 회복하는 데 좋은 최신 관리법은 무엇인가?

### 약물 주사와 필러 시술

티 안 나게 써야 한다. 조심스럽게 한 가지 팁을 주자면, '매주 규칙적으로 투입하여' 알게 모르게 시술받는 것이 핵심이다. 교묘함이 중요하다.

사람들이 알아챈다면 실패한 것이다.

### 모발 이식

생각보다 많은 사람들이 탈모로 고민한다. 스타일에 신경 쓰는 탈모 남성을 위한 실질적인 해결책이 몇 가지 있다. 모발 이식은 뒤통수의 모발을 가닥가닥 옮겨 심어 자연스러운 헤어라인을 만들어준다. 탈모 진행을 더디게 하고 모발 세포의 생산을 뿌리부터 자극하는 국소 처리법도 가능하다.

먹는 약도 전보다 더 좋은 결과를 내고 있다. 예전보다 훨씬 더 합리적인 가격으로 가능하며 탈모 방지에 큰 영향을 준다.

그루밍은 과해서는 안 된다. 지나치게 가꾼 것처럼 보이기보다는 잘 정돈돼 보여야 한다. 꾸준히 관리하여 은근한 아름다움을 강조하는 것이 이상적이다.

이렇게 헤어와 피부 케어에 노력한다면 일과 여가 모두가 풍요로워질 것이다. 지금 당장 시작하라!

## POINT

- 꾸준히 관리하라. 스스로 느끼기에도, 겉으로 보기에도 훨씬 더 좋아진다.
- 헤어와 피부 케어를 습관으로 만들어라.
- 좋은 제품을 써라. 분명한 차이가 있다.
- 정돈되고 관리된 외모를 보면 보는 이도 기분이 좋아진다.

5장

# 간결한 옷 정리 노하우

"여보, 내 양말 어디 있어?" 우리는 가끔 정리 안 된 옷장 속에서 양말이나 옷을 찾느라 고생하곤 한다. 옷을 보관할 뿐만 아니라 각양각색의 옷을 깔끔하게 정리하자는 것이 옷장의 소임일 텐데, 대개 우리의 옷장은 그러지 못한다. 어떻게 해야 옷장이 제 역할을 할 수 있을까?

가장 효과적이며 기본적인 방법은 공간을 제대로 분류하여 정리하는 것이다. 옷장 속 실제 공간을 어떻게 구성하고 옷을 어떻게 정리해 넣을 것인가? 옷장은 내 모습이 그대로 드러나는 공간이다. 여기에 내 개성도 드러낼 수 있어야 한다. 옷장을 보살펴야 할 이유다. 그래야 옷장도 당신을 돌볼 것이다.

주 5일 근무하는 사람들의 옷장은 대부분 일할 때 입는 옷 70퍼센트와 퇴근 후나 주말에 입는 옷 30퍼센트로 채워진다. 최근에는 정장보다는 스마트 캐주얼을 입고 출근하는 경우도 많다. 그렇더라도 각기 콘셉트가 다른 사교 모임이나 공식적인 자리에 걸맞은 옷도 몇 벌 정도는 있어야 한다.

옷장이 제 역할을 하게 만드는 방법

- 옷장 내 공간과 각 옷에 맞는 적절한 옷걸이를 준비한다. 옷걸이에 투자하라. 좋은 옷걸이는 확실히 다르다.
- 모든 물건을 쉽게 찾을 수 있도록 옷장 안을 항상 정리하라. 접근성이 핵심이다.
- 계절이 바뀔 때, 내년에는 입지 않을 것 같은 옷을 정리한다. 이런 옷은 사선 단체에 기부할 수도 있다.
- 계절이 바뀌면 이전 계절에 입었던 옷을 정리하라. 계절이 지난 옷을 따로 보관하면 현재 계절에 맞는 옷을 더 넉넉히 넣을 수 있고 필요할 때 쉽게 찾을 수 있다.

## 거울을 자주 보는 당신

거울은 옷장 근처에 두어라. 그래야 스타일리시한 변화를 알아챌 수 있다. 대부분의 사람들은 옷의 아랫부분이나 뒷모습을 확인하지 않은 채 현관을 나선다. 바지 엉덩이 부분이 너무 꽉 낀다거나 재킷 뒷자락이 너무 짧거나, 아니면 상하의가 잘 어울리지 않거나 양말이 촌스러운 모양새로 드러나 보이는 모습을 상상해보자. 보기에 썩 좋지 않다. 많은 사람이 재킷 뒷면과 허리에서 발끝까지의 단정함이 얼마나 중요한지 모르고 외출한다.

전신 거울로 전체를 체크하면 이런 재앙을 피할 수 있다. 전신 거울은 옷장의 필수 아이템이다.

외출하기 전에 확인할 것

- 벨트를 바지 벨트 고리에 잘 채워 넣었는가?

- 바짓단이 양말에 끼어 있지는 않은가?
- 셔츠를 바지에 깔끔하게 넣었는가?
- 양복을 입었다면 상의와 하의 색상이 어울리는지 확인한다.

## 바닥에 펼쳐두고 스타일링 하기

가끔은 예전에 멋지게 스타일링 했던 차림새를 떠올려 소소한 영감을 얻는 것도 필요하다. 바닥에 옷을 펼쳐놓아 스타일링 하여 사진을 찍고 모아두자. 반응이 좋았던 스타일을 떠올리며, 지금 혹은 미래의 완성된 룩을 만들어가는 작업이다.

셔츠를 평편하게 바닥에 내려놓고, 바지를 셔츠 배 부분에 겹쳐두고, 벨트와 신발을 바지 아래쪽에 배치한다(아니면 허리 근처에 두어도 좋다).

양말은 신발 안에 살짝 보이게 놓는다. 재킷을 더하고 싶다면 셔츠를 재킷 안에 넣고, 넥타이 또는 스카프도 함께 둔다. 신발, 양말, 바지, 벨트, 셔츠, 재킷, 스카프와 모자까지 포함해 전체 룩을 만드는 것이 가장 좋다.

가능한 한 많이, 또 다양하게 스타일링 해보고, 이들을 계절별 컬렉션으로 구분해 촬영해두어라. 이렇게 촬영해두면 국내 여행이든 해외 출장이든 멀리 떠나기 위한 짐을 쌀 때, 혹은 일정과 행사에 따라 어떤 옷을 입어야 할지 고를 때 아주 유용하다.

요즘은 휴대전화로 사진을 다 찍을 수 있고, 사진을 앨범별로 구분해 저장할 수 있어 평면 배치 촬영이 더없이 쉬워졌다.

## POINT

- 쉽게 이용할 수 있는 쓸모 있는 옷장을 만들어라. 옷장 안에 물건을 옮기고 이용할 수 있는 공간을 만들어라.
- 옷장은 당신의 개성을 반영한다. 옷장을 잘 가꾸면 옷장도 당신을 가꾸어준다.
- 좋은 옷걸이를 사용하라.
- 옷을 계절별, 컬렉션별로 정리해서 보관하라.
- 옷과 액세서리를 쉽게 찾을 수 있도록 옷장 안 공간을 세분화하라.
- 옷장을 계절마다 비우고 정리하라.
- 스타일링이 잘되었던 예전 의상들을 떠올리며 그 스타일대로 촬영하여 앨범을 만들어라.

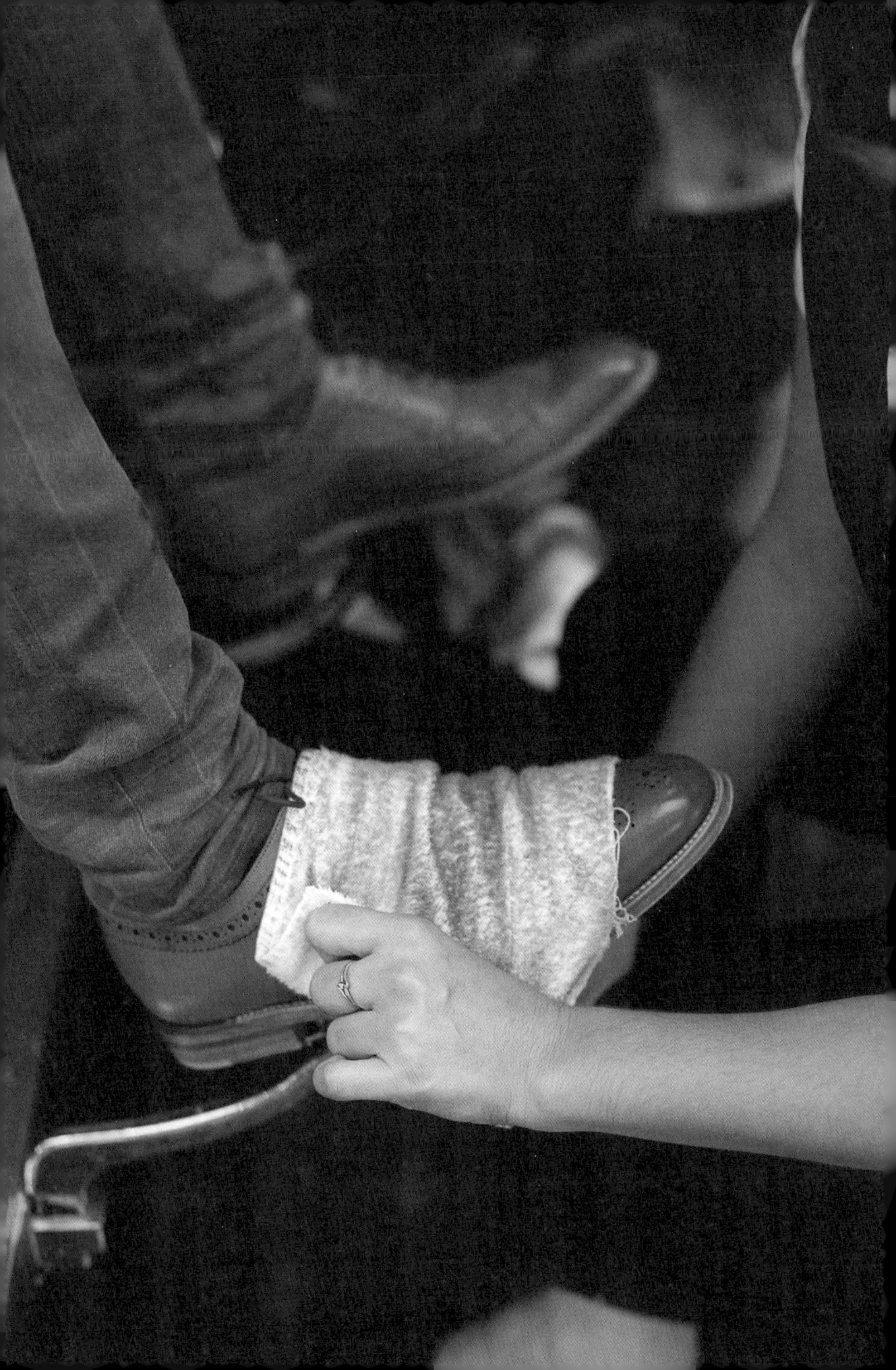

6장

# 마음에 드는 옷을 제대로 관리하는 법

양말에서 양복, 니트에 이르기까지 재질이 제각각인 옷을 어떻게 관리해야 할까? 얼마나 자주 세탁해야 하며 양복은 또 얼마나 자주 드라이클리닝 해야 하나? 좀벌레의 공격에서 옷을 어떻게 보호할 것인가? 청바지의 바른 세탁법은 무엇일까? 옷을 보관하는 가장 좋은 방법에는 어떤 것이 있는가?

옷은 적을수록 좋다. 미니멀리스트가 되는 것이다. 품질 좋은 옷이 적으면 적을수록 옷을 아끼고 관리하기가 더 쉬워진다. 값싼 티셔츠 수십 장을 옷장에 쌓아놓고 관리하지 않는 것보다, 수십만 원짜리 명품 셔츠 하나를 잘 관리해서 본전을 뽑는 것이 더 좋을 수 있다는 말이다.

신발, 정장, 가죽 재킷과 블레이저 같은 고가 상품의 경우 잘 관리하고 유지하면 시간이 지날수록 더 그럴듯한 태가 나기도 한다.

사람들은 옷에 신경을 많이 쓰고, 돈도 들인다. 그런데 정성을 들인 컬렉션이 관리 소홀로 미생물의 먹이가 되어서야 쓰겠는가? 애써 맞춘 양복을 좀벌레가 망쳐놓거나 곰팡이 탓에 옷에 얼룩이 남는 건 비극이 아닐 수 없다. 그런 비극을 굳이 경험할 필요는 없을 테니, 옷을 보다 잘 관리하고 유지하는 법을 알아보자.

## 옷 관리하기

마음에 드는 옷이라면 기꺼이 옷장의 수호천사가 되어라. 올바른 보관법과 세탁법을 익히고 실천하여 옷을 제대로 관리해야 한다. 그래야 자신이 좋아하는 옷을 오랫동안 입을 수 있다.

### 옷과 신발 보관법

- 계절별로 분리하여 옷을 보관하자. 옷도 자기만의 공간이 필요하다. 밀폐 가능한 진공백에 철 지난 옷을 보관하면 공간도 절약되고 옷을 안전하게 보관할 수 있다.
- 바지, 셔츠, 정장과 품질 좋은 재킷 등은 질 좋은 옷걸이에 걸어라. 값비싼 수제화 또는 비스포크 구두(10장 참조)에는 반드시 구둣골을 넣어둔다. 그래야 신발의 형태를 유지할 수 있다. 구둣골은 신발을 산 곳에서 구입할 수 있다.
- 밑창이 가죽인 신발을 오래 신으려면 신발을 사고 나서 두세 달 안에 반쪽짜리 고무창을 덧댄다.
- 부지런해야 한다. 계절마다 옷에 영향을 미치는 벌레가 달라지니 옷 관리 방법도 바꾸는 게 맞다. 라벤더 오일이나 벽걸이 좀약 같은 천연 제품을 활용하라. 그러지 않으면 더 치명적인 약을 사용해야 한다.
- 습도가 높으면 의류와 신발에 곰팡이가 생긴다. 좀벌레와 흰 곰팡이는 가죽을 좋아하니 신발에 특히 주의를 기울이고 신고 난 다음에는 마른 천으로 신발을 닦아라. 스웨이드 제품에는 브러시를 사용한다.

Keep Frozen
500 g

환기는 좀벌레를 최소화하는 핵심 관리법이다.

- 좀벌레를 막거나 옷장 속 습기를 줄이는 데 도움이 되는 천연 제품을 활용하라.

## 옷 세탁하기

옷을 깔끔하고 상쾌하게 유지하기 위해서는 옷에 붙어 있는 세탁 및 관리 지침을 반드시 확인하고 그 지시에 따라야 한다. 드럼 세탁기를 쓰면 옷을 더 조심스럽게 세탁할 수 있고 오래 입을 수 있다.

### 세탁하고 말리는 법

- 어두운 색상과 밝은 색상의 옷은 반드시 나누어 세탁하라.
- 셔츠의 옷깃과 커프스 얼룩에는 세척 스프레이를 사용하거나 하룻밤 물에 담가놓은 후 세탁한다. 참고로 세척 스프레이를 뿌린 다음에 바로 빨면 스프레이 효과가 떨어진다.
- 친환경 세제와 차가운 물을 사용하라.
- 탈수하고 나서 세탁기에 옷을 오래 두지 마라. 주름이 생겨서 다림질이 어렵고, 불쾌한 냄새가 날 수 있다.
- 드라이클리닝은 가능한 적게 하라. 액체 세제와 드라이클리닝 할 때 가하는 압력이 정장의 수명을 단축시킨다.
- 정장의 경우 얼룩이 지거나 더러워지지 않았고 구겨지기만 했을 때는 다림질만 해서 보관해도 좋다. 햇볕에 옷을 말릴 때는 뒤집어서 말린다. 어두운 색상의 옷은 그늘에서 건조하는 것이 좋다.

Shadow
colour
L

- 안감이 있는 재킷과 바지는 드라이클리닝 하라. 안감과 겉 재질이 물과 열에 서로 다르게 반응하기 때문에 물빨래하면 안감이 늘어지거나 옷이 작아질 수 있다.
- 데님은 드물게 세탁하고, 뒤집은 다음 그늘에서 말려라. 중간중간 선반에 널어서 바람을 쐬거나, 봉지에 넣어서 냉동실에 2~3일 넣어두면 냄새를 없애는 데 유용하다. 검은색과 생지 데님은 세탁할 때마다 탈색되니 세탁을 최대한 자제해야 한다.
- 면과 실로 짠 셔츠를 포함해 아끼는 옷들은 세탁 가방에 넣어 세탁하라.
- 단추와 지퍼가 달린 옷을 같이 세탁기에 넣으면 다른 옷이 상할 수 있다. 섬세하게 다뤄야 할 옷들과 분리해 세탁하라.
- 모직과 니트는 미지근한 물에 손빨래한다. 거칠게 탈수하거나 회전식 건조기로 말려서는 안 된다. 건조대에 평평하게 널고 말려, 자국이 생기거나 늘어지는 상황을 방지하자.

소중한 옷을 잘 관리하려면 옷을 정중하게 대해야 한다. 옷을 사랑으로 보살펴라. 그래야 그 옷이 수년 동안 제 형태와 기능을 유지하며 입는 즐거움을 준다.

## POINT

- 투자를 해야 수익을 얻을 수 있다. 이 원칙을 기억하라. TLC(Tender Loving Care). 부드럽게 애정으로 옷 관리에 투자하라.
- 옷과 신발의 세탁 법과 관리 지침을 잘 읽고 그대로 실행하라.

7장

# 클래식하고 기본적인 30가지 아이템

반드시 갖춰야 할 옷이나 패션 아이템은 무엇일까? 일상적으로 입어야 할 것과 계절별로, 혹은 특별한 모임에 어울리는 옷은 무엇일까?

여기서 가장 중요한 것은 군더더기 없이 최소한의 선택으로 자신감을 드러내고 자신의 매력을 표출할 수 있어야 한다는 것이다. 옷장을 열었을 때, 옷을 고르는 과정이 효율적이면서도 확신에 차 있어야 한다. 그래야 다른 사람들로부터 좋은 반응을 이끌어내는 패션을 만들 수 있다.

옷장에는 몇 가지 필수 아이템이 있어야 한다. 이런 아이템을 기준으로 옷장을 채운다면 계절에 맞는 패션은 물론 어떤 행사에도 어울리게 스타일링 할 수 있다.

특히 정장과 코트, 신발에는 투자할 필요가 있다. 이 아이템들은 오래 착용하면서 앞으로 수년간 자신의 패션 감각이 어떤지 말해줄 것이기 때문이다. 필수 아이템만 갖춰놓아도, 날씨와 통상적인 기후에 따라서 다양하게 스타일링 할 수 있다.

## 양복

가장 먼저 검은색, 네이비색, 그리고 중간톤 회색mid-gray 정장은 필수다. 특히 검은색 싱글 버튼 정장 한 벌은 꼭 있어야 한다. 검은색 투버튼 정장 재킷은 블레이저처럼 활용할 수 있어 두 배 더 효율적이다.

가는 세로줄무늬 혹은 체크무늬 정장도 비즈니스용으로 무난하겠지만, 블레이저처럼 입을 때는 주의해야 한다. 자칫 스타일을 망칠 수 있기 때문이다.

직장에서 패션 정장을 입을 수 있다면, 주도적으로 자신에게 맞는 색의 양복을 찾을 필요가 있다. 코발트블루 혹은 짙은 황록색도 나쁘지 않다. 이 색 조합을 잘 활용하면 아주 돋보이는 패션을 선보일 수 있다. 블레이저처럼 재킷을 따로 입으면 눈에 띄게 세련된 패셔니스타로 변신할 수 있고, 바지만 제대로 입어도 여름 칵테일파티 복장으로 부족함이 없다.

## 검은색 직물 버튼업 긴소매 셔츠

품질 좋은 검은색 셔츠는 정장, 청바지 또는 반바지 등 어디에도 잘 어울린다. 검은색 셔츠를 제대로 입으면 사람이 붐비는 저녁 파티에서 섹시한 남자로 돋보인다. 셔츠를 잘 살려서 입어야 한다. 정장 스타일의 셔츠를 맵시 좋게 소화하려면 너무 헐렁하게 입어서는 안 된다. 부드러운 옷깃의 캐주얼한 검은색 직물 셔츠를 입으면 약간 헐거워 보일 수 있다. 이 경우 반바지나 치노 바지chinos와 어울린다. 모험을 즐기는 사람이라면 검은색 셔츠와 검은색 재킷, 그리고 검은색 청바지로 스타일을 만들어보라. 남성미가 물씬 풍긴다.

검은색 직물 버튼업 긴소매 셔츠와 정장

검은색 직물 버튼업 긴소매 셔츠

캐주얼 직물 리버티 셔츠

흰색 티셔츠

검은색 티셔츠

## 흰색 직물 버튼업 긴소매 셔츠

흰색 셔츠는 옷장 속 필수품이다. 흰색 셔츠는 옷깃과 소매 끝이 닳거나 노랗게 변할 때 새로 사야 한다. 흰색 셔츠는 세 개 정도 마련해두면 좋다. 하나는 격식 차린 정장에, 하나는 비즈니스 정장에, 나머지 하나는 캐주얼에 매치한다.

흰색 셔츠를 반바지, 청바지, 치노 바지, 정장 바지, 양복 등과 매치해가며 입어라.

맞춤 셔츠를 장만한다면, 셔츠 색과 대비되는 군청색이나 짙은 회색 버튼을 달아보는 것도 좋다. 그러면 데님과 치노 룩을 멋지게 소화할 수 있다.

## 캐주얼 직물 리버티 셔츠

리버티LIBERTY 셔츠는 수영 트렁크부터 치노 바지, 양복에 이르기까지 두루두루 받쳐 입기 좋다. 리버티(플라워 패턴) 직물 셔츠를 흔히 겨울 옷으로 입지는 않지만, 겨울이라도 비교적 따뜻한 날에는 정장 안에 입을 수 있다.

날씨가 풀리는 봄에는 이 셔츠를 입고 거리를 거닐어보라. 화려하고 현란한 패션으로 타인의 시선을 즐겨도 좋다. 리버티 셔츠를 창틀 모양 체크무늬 정장, 니트 타이, 특이한 양말, 브로그 구두와 매치하면 화려하고 요란한 앙상블이 완성된다.

## 흰색 티셔츠

흰색 티셔츠는 정말 유용해서 다 해질 때까지 입곤 한다. 옷장에 클래식한 흰색 티셔츠를 적어도 세 벌 갖추어놓자. 흰색 티셔츠는 캐주얼 반바지, 치노 바지, 데님, 수영 트렁크 등 어떤 것과도 잘 어울린다.

모험이나 도전을 즐긴다면 면으로 된 정장에 흰색 티셔츠와 스니커즈를 매치해도 좋다. 흰색 티셔츠는 색이 바래거나 모양이 틀어지기 쉬우므로 매년 여름 새로 마련해야 한다.

자신의 체격보다 작은 티셔츠는 과감하게 버려라. 차라리 헐렁한 편이 낫다.

## 검은색 티셔츠

검은색 티셔츠는 라이브클럽이나 페스티벌에 편하게 입고 가기 딱 좋다. 황갈색 치노 바지와 가벼운 슬리퍼 차림으로 여름 저녁 해변을 돌아다니며 막 입기 좋은 옷이다.

## 데님 셔츠

예쁜 데님 셔츠는 여자들의 시선을 끌 수 있다. 데님 바지와 셔츠를 매치해 멋을 내거나, 검은색 또는 올리브색 치노 바지와 데님 셔츠를 맞춰 입으면, 그날 밤의 주인공이 될 수 있다. 과감한 패셔니스타라면 트리플 데님을 시도해봐도 좋겠다. 데님 셔츠, 데님 재킷, 데님 청바지, 이 세 가지 조합은 강렬한 남성성을 드러낸다. 아니면 빛바랜 청색 데님 셔츠, 어두운 데님 재킷, 검은색 청바지 조합은 어떨까?

## 어두운 데님 청바지

어두운 색의 슬림핏 데님 바지는 금요일이나 주말의 가벼운 옷차림, 스마트 캐주얼 룩을 완성하는 데 필수다. 우선 어두운 남색과 검은색 데님 청바지를 갖춰두자. 어디에나 잘 어울리는 아이템이다.

데님 셔츠

검은색 가죽 재킷

네이비색 블레이저

은회색 블레이저

스웨터

여기에 따뜻할 때 어울리는 물 빠진 검은색이나 밝은 색 데님도 마련해두자.

흰색 스니커즈와 티셔츠를 매치하면 멋진 캐주얼 룩이 연출된다. 아니면 셔츠를 데님 청바지에 집어넣고, 블레이저를 입은 다음, 캔버스 벨트와 로퍼 등으로 멋을 내는 것이다.

캐주얼 프라이데이는 멋을 좀 부려도 되는 날이다. 브로그 구두와 색다른 양말, 클립 타이나 니트 타이 등의 조합으로 좀 더 스타일리시해질 수 있다.

## 네이비 색 블레이저

네이비색 블레이저는 왕관에 박혀 있는 보석과 같다. 네이비색 블레이저를 티셔츠와 청바지, 치노 바지와 드레스 셔츠 등과 맞춰 입으면 아주 잘 어울린다.

옷장에 꼭 갖춰야 할 아이템으로 봄과 여름용 한 벌, 가을과 겨울용 한 벌씩 마련해두면 좋고, 스마트 캐주얼 복장으로 최고다.

좀 더 실험적인 시도를 해보고 싶다면 네이비색 블레이저를 흰색 데님 바지나 정장 바지, 흰색 면 셔츠 등과 함께 입어보길 추천한다.

## 은회색 블레이저

캐주얼 또는 칵테일파티용 의상으로 면 혹은 린넨 섬유로 된 블레이저를 활용할 수 있다. 어두운 색의 정장 바지, 흰색 셔츠, 흰색 포켓 행커치프, 검은색 더비 구두로 코디하면 완벽한 칵테일파티 룩이다.

가을과 겨울용 블레이저로는 울로 된 것을 추천한다. 황갈색 바지와 빳빳한 흰색 셔츠를 초콜릿색 신발, 벨트와 함께 매치하면 최고의 조합이다.

실험 정신이 강하다면 회색 재킷과 흰색 데님, 검은색 셔츠를 시도해보는 것도 좋다.

## 검은색 가죽 재킷

검은색 가죽 재킷에는 두 종류가 있다. 자전거 룩과 봄버 룩이다. 자전거 룩 재킷은 약간 뜯어지고 해진 스타일이 보기 좋으며, 봄버 룩은 약간 우아한 스타일이 좋다. 봄버 재킷을 짧게 입으면 여행용으로 아주 적합하다. 말론 브란도는 가죽 재킷에 오래된 청바지, 티셔츠, 캐주얼 부츠로 스타일을 만들어 유명해졌다. 당신도 시도해보자.

## 베이지색 트렌치코트

베이지색 트렌치코트에서 가장 중요한 것은 길이다. 자신에게 맞는 길이를 선택해야 한다. 트렌치코트는 캐주얼과 비즈니스, 어느 용도로도 적합하다.

## 스웨터

고급 메리노 양모로 만든 네이비색 크루넥 스웨터는 치노 바지나 맞춤 정장 바지에 모두 잘 어울린다. 네이비색 체크무늬 블레이저와 황갈색 치노 바지에 받쳐 입으면 독특한 매력이 풍긴다. 봄에는 흰색 데님과 에스파듀 신발에 네이비색 니트도 고려해보자.

## 풀오버

몸을 따뜻하게 해주는 풀오버는 어두운 색상이나 생지 데님 청바지, 캐주얼 부츠나 스니커즈와 함께 매치할 때 돋보인다.

베이지색 트렌치코트

피코트

넥타이

보타이

흰색 포켓 행커치프

다크브라운색 스웨이드 로퍼

검은색 레이스업 더비 구두

황갈색 브로그 구두

대학 이름이 프린트되어 있거나, 연회색 말지로 만든 후드 티 또는 크루넥 폴오버가 가장 좋다.

좀 더 색다른 시도를 하고 싶다면, 좋아하는 청바지와 스니커즈에 검은색 또는 네이비색 베스트를 걸쳐보는 건 어떨까.

## 피코트

품질 좋은 모직 코트를 하나 구입해서 잘만 관리하면 평생 입을 수 있다. 하나를 구입하더라도 제대로 된 것을 고르는 게 포인트다.

네이비색이나 차콜색 투버튼 피코트는 갖춰두자. 단추 모양이 다른 것으로 장만하면 더 좋다. 단추가 어떤지도 꼭 살펴야 한다. 단추는 피코트 패션의 완성에 가까우므로 신중하게 골라야 한다. 코트 길이가 엉덩이를 충분히 덮는지 확인하라.

## 넥타이

무늬가 없는 은회색의 중간 너비 넥타이는 유행을 타지 않으면서 스마트하고 절제된 룩을 연출한다. 결혼식, 장례식, 시상식, 갈라 디너쇼 같은 이벤트에도 무난하게 어울린다. 두어 개 색상의 스트라이프 클럽 타이는 스마트 캐주얼에서 비즈니스 의상까지 모든 패션을 더욱 돋보이게 한다.

## 보타이

검은색 바탕에 흰색 물방울무늬 보타이는 어느 공식 행사에나 유용하다. 여름에는 검은색 실크 보타이를, 겨울에는 무늬가 없는 검은색 벨벳 보타이를 하면 안전하다. 보타이를 잘 매지 못한다면 완성형 보타이(클립온 보타이)를 마련해도 좋다. 보타이를 느슨하게 매면 멍청해 보인다. 옷깃에 꼭 맞게 조여져 있는지 항상 확인하라.

## 흰색 포켓 행커치프

스마트 캐주얼이나 비즈니스, 공식 행사에도 적합한 액세서리다. 날이 선 포켓 행커치프나 감각적으로 부풀려진 포켓 행커치프는 더 맵시가 난다.

각 잡힌 스타일을 원한다면 린넨 행커치프를, 자연스러우며 살짝 멋을 낸 스타일을 원한다면 실크 행커치프를 선택하라.

## 다크브라운색 스웨이드 로퍼

긴 소매 린넨 셔츠와 반바지가 스웨이드 로퍼와 만나면 멋진 캐주얼 룩이 완성된다. 캐주얼한 면 셔츠에 치노 바지 혹은 청바지에 코디를 해도 시원하면서 스마트해 보인다. 양말은 가급적 안 신는 게 좋다. 앤티크 스타일의 가죽 로퍼로 대체해도 무방하다.

## 검은색 레이스업 더비 구두

레이스업 더비 구두는 스마트 캐주얼부터 비즈니스, 칵테일, 격식 차린 모임에 자주 신게 되므로 하나쯤은 꼭 갖추어라. 따로 가죽 신발이 없을 경우 더 유용하다.

보통은 정장에 어울리는 비즈니스 신발이지만 보다 수수하고 편안한 룩을 완성해준다. 치노 바지 같은 캐주얼 룩에는 피하는 게 좋다.

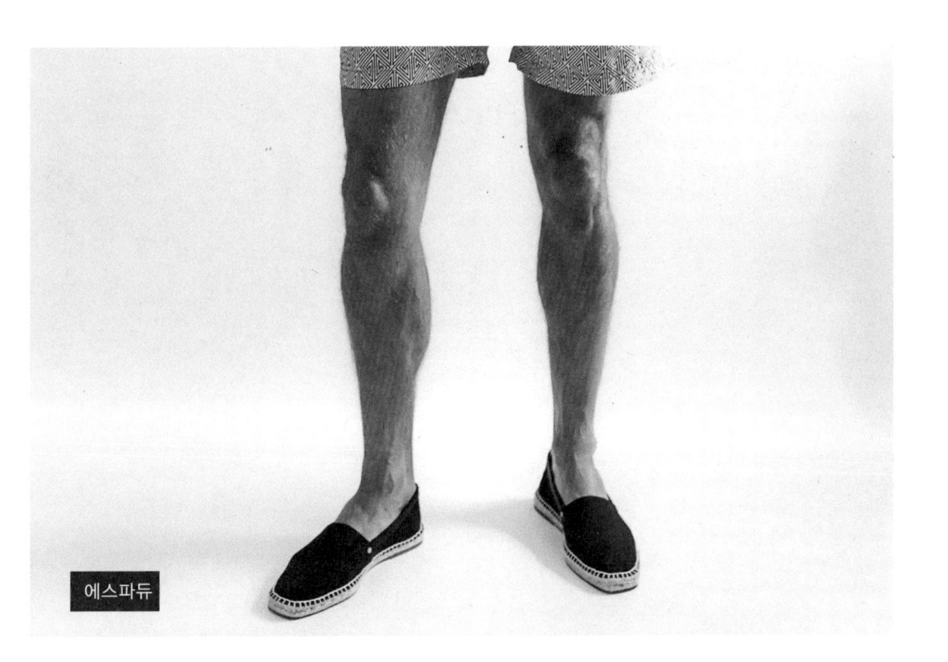
에스파듀

흰색 스니커즈

인디고색 직물 캔버스 벨트

검은색 가죽 벨트

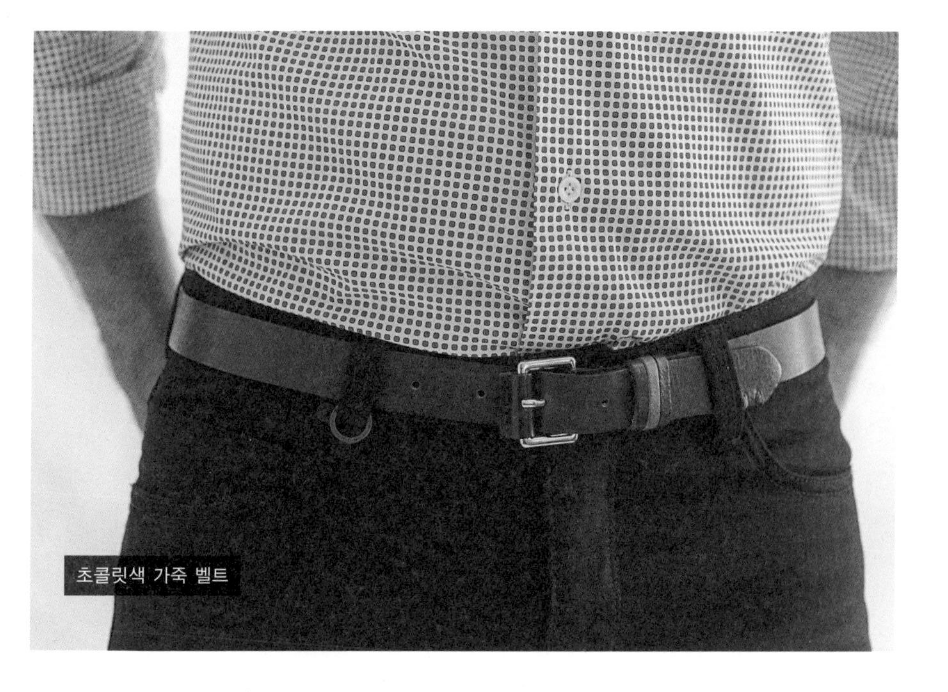
초콜릿색 가죽 벨트

## 황갈색 브로그 구두

영국 전통 구두로 맞춤 정장에 제일 잘 어울린다. 데님 청바지나 치노 바지, 직물 셔츠나 블레이저에 매치해도 좋다.

회사에서 캐주얼 스타일이 허용되는 금요일이나 친구들과 편안한 점심 식사를 할 때도 어울린다. 황갈색 브로그 구두는 면 특유의 자연스러운 톤과도 잘 어울려 캐주얼 정장 옵션으로 훌륭하다.

새더그길 원안나번 밝은 회색 또는 스틸블루색 정장, 흰색 셔츠와 네이비색 넥타이 등과 코디를 해보는 것도 좋다.

## 에스파듀

바닷가, 수영장, 물놀이 등에 꼭 필요한 아이템이다. 시원하고 편안하며 가볍다. 에스파듀에도 한 가지 단점이 있는데, 발이 그다지 편하지 않다는 점이다. 트렁크 수영복, 반바지, 롤업한 치노 바지, 찢어지고 빛바랜 데님 바지에 어울린다. 한두 시즌 신고 나면 해지기 쉽다.

좀 더 색다른 느낌을 주고 싶다면 양복과 티셔츠, 그리고 파나마 햇으로 마무리해도 좋다.

에스파듀 대신 슬리퍼나 샌들을 신어도 괜찮다.

## 흰색 스니커즈

기본 스타일의 흰색 스니커즈는 컨버스, 반스, 뉴발란스, 라코스테 등에서 쉽게 살 수 있다. 반바지, 크롭 데님, 치노 바지 등에 어울리며, 양말이 보이면 흉하니 낮은 목양말을 함께 살 것. 스니커즈는 가끔씩은 세탁해야 보기에도 좋고 냄새도 안 난다. 겨울철에는 맑은 날에만 신고 나가는 게 좋다.

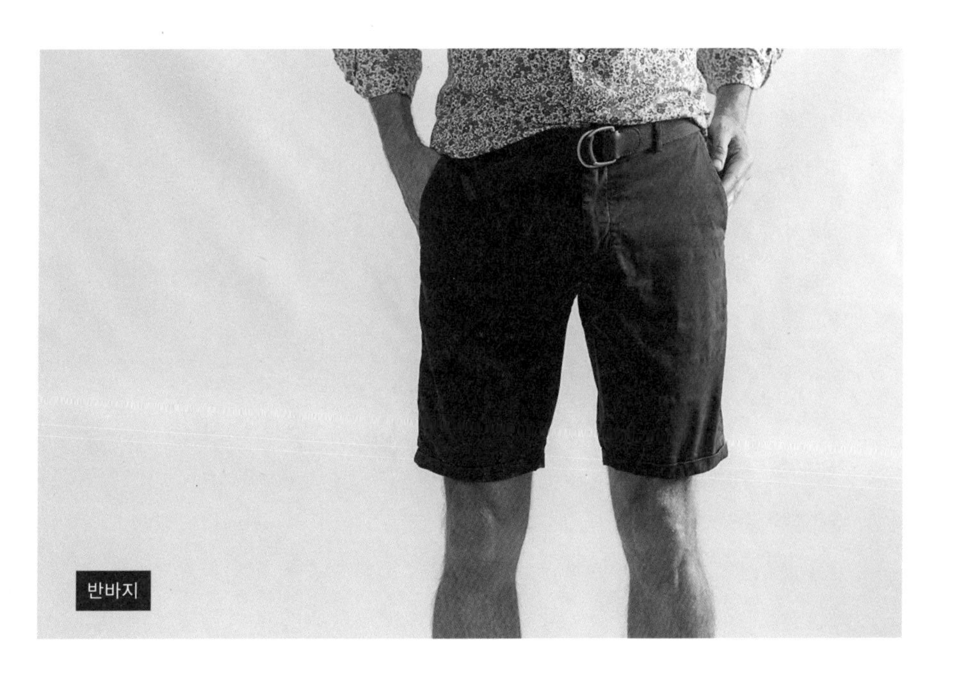
반바지

치노 바지

### 인디고색 직물 캔버스 벨트

반바지, 치노 바지, 청바지에 필수적인 아이템이다. 네이비블루색 캔버스 벨트는 데님 청바지와 치노 바지뿐만 아니라 반바지에도 잘 어울린다. 버클은 'O링' 또는 'D링' 모양이 좋다. 벨트 색은 신발이나 바지에 맞춰라.

### 가죽 벨트

검은색이나 초콜릿색 가죽 벨트가 무난하며, 아무 장식 없는 간단한 버클을 추천한다. 벨트 폭은 정장 바지의 벨트 고정 부분에 편안하게 자리잡는 정도여야 한다. 가죽으로 엮은 황갈색 벨트는 스마트 캐주얼 신발뿐 아니라 드레스 슈즈와도 어울린다.

### 반바지

반바지는 몸에 맞는 길이에 황갈색, 네이비, 흰색 같은 컬러가 적당하다. 가장 중요한 것은 자신의 체형과 키에 맞아야 한다는 점이다. 무늬나 장식이 과한 옷은 유행을 많이 탄다.

### 치노 바지

네이비색, 황갈색, 올리브그린색의 치노 바지가 있으면 어느 계절이든 스타일을 고민하는 시간을 훨씬 줄일 수 있다. 분홍색이나 코발트색의 치노 바지를 옷장에 더하면 선택의 폭이 훨씬 넓어진다.

황갈색 치노 바지에 흰색 셔츠와 네이비색 블레이저는 가장 클래식한 스타일이다. 모험적인 사람이라면 캐주얼 부츠와 가벼운 네이비색 스웨터, 네이비색 치노 바지에 도전해보자.

트렁크 수영복 파나마 햇

## 트렁크 수영복

단색이든 패턴이 프린트된 스타일이든 상관없다. 자신의 체형에 맞는 길이를 찾는 게 중요하다.

## 파나마 햇

여름 필수 아이템으로 크림색이 무난하다. 해변가에 간다면 트렁크 수영복에 헐렁한 린넨 셔츠, 에스파듀로 코디를 해보라. 스마트 캐주얼 룩을 연출하고 싶으면 완벽한 폴로 스타일 앙상블로 치노, 직물 셔츠, 블레이저, 로퍼를 시도해보는 것도 좋다.

## 스카프

무늬가 없고 소재의 특성을 톡톡히 살린 회색 스카프는 어디에나 어울리는 든든한 아이템이다. 자잘한 무늬나 드문드문 반점이 있는 소재, 비슷한 톤의 배색으로 디자인된 패턴 스카프도 옷에 멋을 더한다.

### POINT

- 정장, 코트, 신발은 돈을 모아서라도 비싼 상품에 투자한다.
- 좋은 것을 신중하게 구입하는 습관을 갖는다.
- 필수 아이템은 옷장 공간을 별도로 마련하여 쉽게 꺼내 입을 수 있도록 정리한다.

8상

# 드레스 코드는 무엇인가?

파티나 행사, 특별한 이벤트에 초대 받으면 드레스 코드를 요구하는 경우가 있다. 드레스 코드를 대체 어떻게 해석해야 할까?

레드카펫 위의 셀러브리티들을 보면, 드레스 코드에 대한 해석이 사람마다 상당히 다르다는 것을 알 수 있다. 파티에 초대받아 오는 사람들도 마찬가지다. 어떤 사람들은 옷차림이 너무 과장되고, 어떤 사람은 너무 간소하게 입곤 한다.

드레스 코드를 잘 지키면서도 자신에게 잘 어울리는 안전한 스타일은 과연 어떤 걸까?

### 드레스 코드 가이드

- 검은색 타이: 검은색 보타이, 예복 턱시도, 흰색 디너 셔츠는 필수 아이템이다. 예복 턱시도로는 검은색이나 미드나잇 네이비블루색이 바람직하다. 커프 링크스와 셔츠 스터드 같은 액세서리를 하면 옷이 돋보인다. 반짝거리는 신발이나 에나멜 톤의 가죽 신발도 하나 있어야 한다. 벨벳 구두를 신으면 아주 과감해 보일 수 있다. 디너 셔츠와 보타이는 그리 비싸지 않아 하나씩 갖고 있을 만하다.

- 칵테일: 흰색 셔츠, 넥타이, 검은색 정장 조합이 괜찮다. 날씨가 좀 쌀쌀하다면 벨벳 블레이저, 어두운 색상의 정장 바지가 잘 어울린다.
- 신사복 정장 : 전통적으로 셔츠와 넥타이를 한 차림에 네이비색, 파란색, 회색 또는 회갈색의 투버튼 정장 차림을 의미한다. 조끼는 선택 사항이다. 포켓 행커치프로 멋을 내는 것도 좋다.
- 스마트/비즈니스 캐주얼 : 투버튼 혹은 더블 버튼 블레이저 혹은 스포츠 코드, 옅은 난색이나 줄무늬 혹은 체크무늬 셔츠, 긴 바지나 치노 바지 등을 의미한다. 넥타이는 필요 없다. 호주머니가 달린 옷도 포함될 수 있지만 청바지는 안 된다.

공식적인 행사에 참석해야 하는데 턱시도가 없을 경우에는 클래식한 일반 검은색 양복으로도 충분하다.

드레스 코드에 맞는 의상을 입으면 어떤 상황에서도 자신감이 생긴다.

## POINT

- 드레스 코드에 맞춘 스타일링은 호스트와 손님에 대한 존중의 표시다.
- 상황에 맞게 선택할 수 있도록 중요한 이벤트에 어울리는 옷을 갖춰놓자.
- 여유가 있다면 가장 전통적인 검은색 턱시도를 하나 구입하는 것이 좋다.

칵테일

검은색 타이, 흰색 셔츠, 턱시도

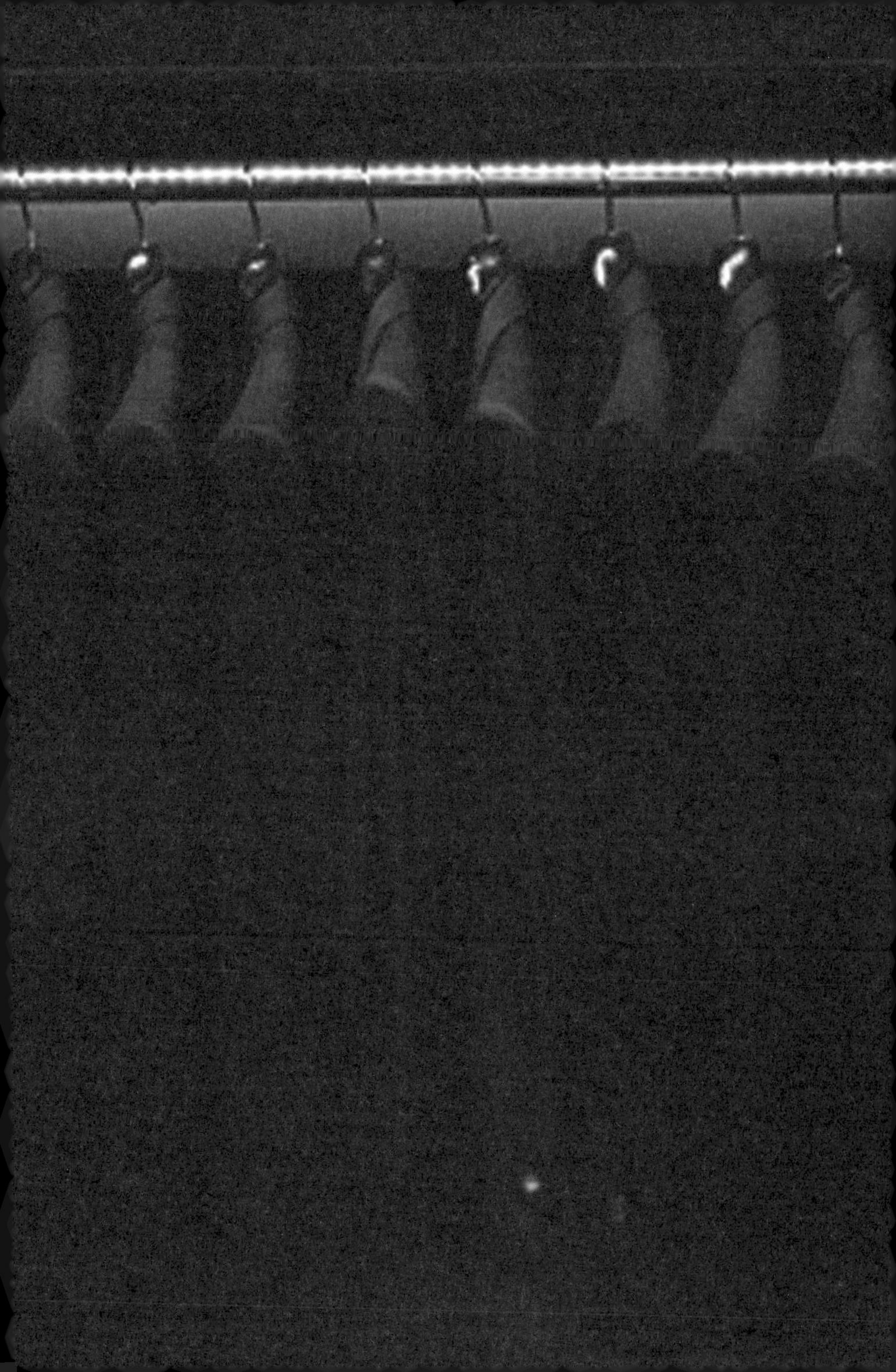

9장

# 액세서리에 관한 모든 것

지나치게 꾸민 것처럼 보이지 않으면서 자신의 개성을 표현하는 방법은 무엇일까?

액세서리는 전체적인 스타일링을 좌우한다. 물론 액세서리 없이도 화려함을 드러낼 수 있지만, 어딘지 허전한 느낌이 들 수 있다. 이 책에서 다루는 스타일링은 미니멀리즘Minimalism에 바탕을 두는데, 이를 유지하면서 액세서리를 선택하고 스타일링 하는 편이 좋다. 액세서리를 착용할 때는 신중을 기해야 한다.

### 액세서리 착용 가이드

- 넥타이는 셔츠에 개성과 멋을 더하는 액세서리다. 넥타이 길이와 매는 방식에 따라 전체적인 패션이 달라진다. 스타일링 조화를 이루는 데 중요한 역할을 하는 아이템이다. 린넨, 실크 니트, 울로 만든 넥타이는 일반 실크 넥타이와 또 다른 매력을 발산하는 데 제격이다.
- 포켓 행커치프 하나만 더해도 정장의 품격을 높이고 세련되게 연출할 수 있다. 정장의 멋을 살리는 아이템은 넥타이 하나만이 아니다.

포켓 행커치프를 넥타이 또는 셔츠와 함께 코디해 멋스러움을 살릴 수 있다. 네모반듯한 모양을 내거나 자연스럽게 볼륨감을 살려 포켓 라인 위로 살짝 보이게 연출하라.

- 색이 있는 양말은 정장 구두에 멋을 더하고, 거만하기보다는 추진력과 야망이 있는 사람이라는 인상을 준다. 패턴이 있을 필요는 없지만 클래식, 블록 패턴, 그리고 색깔이 화려한 것과 믹스하여 연출하면 선택의 폭을 넓힐 수 있다.
- 커프 링크스는 드레스 셔츠의 소맷부리를 깔끔하게 마무리하는 아이템이다. 요즘은 커프 링크스를 잘 활용하지 않지만, 고상한 멋을 연출하고 싶다면 꼭 필요하다. 커프 링크스는 주로 금속과 원석을 재료로 사용한다. 커프 링크스와 시계를 함께 코디하면 좋다.
- 넥타이핀은 세련미를 돋보이게 할 뿐만 아니라 실용적이기도 하다. 클래식 스타일 정장에 가장 잘 어울리며 깔끔한 데다, 정장과 전체적으로 조화를 이룰 때 가장 빛나는 액세서리다. 넥타이를 어설프게 매 놓고선 넥타이핀을 사용하거나, 전체적으로 단정하지 않은 정장 차림에 넥타이핀을 꽂지는 말자.
- 스카프는 몸을 따뜻하게 할 뿐만 아니라 옷에 멋을 더하고 시선을 분산시켜 몸매의 결점을 감추기에 가장 좋다.
- 가방은 물건을 담는 도구 이상의 가치가 있다. 현대 도시 남성이 개성 있게 스타일을 내는 데 필수적인 아이템이다. 배낭, 서류 가방(새철백), 운동용과 주말여행용 등 가방은 현대 도시 남성의 옷장에서 빠질 수 없는 스타일링 요소다. 동시에 일상의 많은 부분을 차지한다는 점에서 우리 삶에 깊이 스며든 액세서리이기도 하다. 특히 가죽 가방을 구매할 때는 시간이 지나도 변하지 않는 색을 고르고 클래식한 신

발과 어울리게 코디하라.

- 모자는 유행을 가장 많이 타는 아이템으로 실용적이면서도 전체적인 스타일을 살리는 데 도움이 된다. 키에 적합한 모자챙을 고민하고 머리, 피부 톤과 어울리는 색깔을 선택하라.
- 보석류는 코디하기가 쉽지 않다. 하지만 잘 선택하고 어울리는 옷을 입으면 멋을 살릴 수 있다.
- 안경과 선글라스는 얼굴의 윤곽을 잡아주고, 자기만의 새로운 멋을 더한다. 자세한 내용은 12장 '안경과 스타일'(119쪽)을 확인하라.
- 의미 있는 반지는 어떤 행사에도 무난히 착용할 수 있는 아이템이다. 단, 다음 세대에도 물려줄 만한 것으로 한 번 살 때 제대로 구입하라.
- 남성용 팔찌는 현대 도시 남성에게 명예의 증표와 같다.
- 시계는 액세서리의 꽃이다. 시계는 취향, 라이프스타일, 어디에 얼마나 공을 들이는지 드러낸다. 심혈을 기울여 시계를 선택하고, 원하는 스타일이 있다면 그 시계를 손에 넣기 위한 투자를 마다하지 마라. 좋은 시계 하나를 구매하면, 더 많은 시계로 옷장 서랍을 채우고자 하는 욕구가 생기기도 할 것이다.
- 체인은 '로큰롤 음악'이나 '단정치 못함'을 연상시키기 때문에 신중하게 선택해야 한다. 제일 큰 문제는 다가가기 어려운 사람으로 보이거나 아예 여성스럽게 비칠 수도 있다는 것이다. 신중하고 또 신중하라.

모던 스타일 액세서리는 '적은 게 더 좋다'. 갖고 있는 모든 액세서리를 한꺼번에 착용하지는 마라. 산만함과 난해함만 부각된다.

액세서리를 많이 착용하면 당신이 표현하려는 이미지와 메시지가 모호해진다. 적은 게 낫다. 액세서리로 당신의 개성을 부각하되, 산만해서는 안 된다.

보석의 경우 집안 대대로 내려온 유산이거나 로마 여행 당시 구입했다는 등 이야기가 숨어 있는 것이 가장 좋다. 의미 있는 액세서리는 외면을 한층 돋보이게 한다.

## POINT

- 너무 과하지 않게 스타일링 하라.
- 여기서는 '미니멀리즘'이 핵심 주제다.
- 특별한 의미를 가진 아이템을 구입하거나 찾아라.
- 신중하게 고른 액세서리가 당신의 개성을 살린다.

10장

# 비스포크 정장, 수제 정상의 세계

비스포크Bespoke 정장은 무엇이며 왜 입어봐야 할까? 우선 맞춤 정장made-to-measure과 혼동해서는 안 된다. 비스포크는 내가 요청한 바에 따라Been Spoken for 내가 선택한 옷감으로 내 치수에 맞추어 특별히 제작하는 수제 정장이다. 남자라면 일생에 한 번 정도는 비스포크를 입어봐야 한다. 수제 셔츠를 시작으로 넥타이, 구두 그리고 정장으로 서서히 옮겨 가기를 추천한다.

비스포크 정장을 제작하는 데는 꼬박 40시간가량이 걸린다. 진정한 장인의 손길이 필요한 세심한 작업이다. 수 세기에 걸친 재단 기술이 수제 정장에 숨어 있다. 오늘날 정장 시장은 역사상 가장 역동적이며 편안한 정장들로 넘쳐난다. 이제는 정장을 입은 채 일, 놀이, 운동 등 일상생활의 모든 것을 할 수 있게 되었다.

본인에게 딱 맞는 정장을 제작하려면 두세 번은 피팅을 받아야 한다. 적절한 옷감을 고르는 것 또한 중요하다. 질 낮은 옷감을 사용하면 앉거나 착용할 때 불편하며 가봉을 비롯하여 전체적인 제작 자체를 망칠 수 있다. 모든 과정에 문제가 되지 않을 좋은 품질의 옷감과 서비스를 제공하는 재단사를 찾는 것이 첫 번째다.

## 비스포크 셔츠

유행하는 옷을 입는 것도 좋지만 자신이 패션을 규정하는 것인지, 패션이 자신을 규정하는 것인지 한 번쯤 생각해볼 필요가 있다. 유행 패션을 입으며 목이 길거나 키가 크거나 가슴이 넓거나 배가 나온 체형 등을 감안하기란 쉽지 않다. 비트족 스타일의, 약간 작은 60년대 셔츠 옷깃을 선택한다면, 목이 굵어 보일 것이다. 옷깃이 다소 높은 70년대 셔츠를 입는다면, 목이 아주 짧아 보일 것이다. 자신의 목 길이에 맞는 옷깃을 선택하는 것이 좋다. 어떤 스타일이 자신에게 맞는지를 판단하는 것이 중요하다. 다음에 비스포크 셔츠를 맞출 때는 옷감, 핏, 스타일을 반드시 고려하라.

### 적절한 옷감

옷감 선택이 가장 어렵다. 하지만 옷감 견본을 잘 살펴보며 셔츠에 완벽하게 어울리는 옷감을 선택했다면, 큰 보람을 느낄 수 있다. 옷의 감촉이 중요한가? 감촉이 좋고, 셀프 스트라이프(우븐 스트라이프)나 헤링본 패턴의 셔츠를 사면 날아갈 듯 기분이 좋아지는 경험을 할 수 있다. 몸에 열기가 있는 편인가? 이런 경우 가벼운 순면이 적합하다. 셔츠를 직접 다린다면, 엘레스테인이나 폴리에스테르가 약간 포함된 면 셔츠가 좋다.

남성이라면 검은색, 흰색, 네이비색, 연보라색 셔츠 정도는 가지고 있어야 한다. 기본 셔츠들을 갖추고 있으면 삶의 중요한 순간에 빛을 발하는 때가 온다. 검은색은 섹시한 느낌을 주며 데이트나 저녁 식사에 입기에 적합하다. 흰색은 어느 행사에나 다 어울릴 정도로 유용하니 적어도 몇 벌 구비해두는 것이 좋다. 네이비색은 청바지나 치노 바지와 매치하여 멋지게 소화할 수 있다. 연보라색은 업무용으로 입기에 적합하다. 따뜻한 느낌의 색상으로 모든 피부 톤과 잘 어울린다.

### 적절한 피팅

비스포크는 잘 피팅된 셔츠를 입는 일이다. 모든 인간의 신체가 동일하지 않은데 기성복 셔츠만을 고집할 이유가 있을까? 비스포크 셔츠는 자신의 신체에 딱 맞는 길이와 너비, 소매, 커프스, 옷깃을 고려하여 제작된다.

옷깃을 정할 때는 목의 길이와 너비를 생각해야 한다. 셔츠를 어떻게 입을지 고려하여 길이를 조절하라. 시계를 착용했을 때 적당한 여유가 있는지도 살피자. 옷깃을 채웠을 때 손가락 하나가 들어갈 정도의 공간이 있어야 편안함을 느낄 수 있다. 완벽한 피팅으로 최고의 편안함을 느끼게 하는 셔츠가 최고다.

### 적절한 스타일

비스포크 셔츠를 주문할 때 자신에게 맞는 스타일을 먼저 생각해보자. 편안한 착용감을 고려하여 재단사에게 말하면 딱 맞는 옷감과 핏을 찾는 데 도움을 줄 것이다.

## 비스포크 정장

비스포크 정장을 맞추는 일은 생애 최고의 쇼핑 경험으로 기억될 것이다. 예전보다 옷 사는 데 돈을 더 쓰기로 결정하고, 정장을 제작하기 위

해 예약을 잡고, 옷감과 스타일을 선택하고, 핏이 잘 되었는지 확인하는 등의 경험 말이다. 일련의 과정에서 모든 것을 자신이 선택해야 한다. 이는 시대를 거쳐 이어온 오랜 전통이다. 지난 20세기 말보다 21세기 현재, 더 많은 사람들이 비스포크를 찾고 있다.

직장 새내기 남성이라면 장기적으로 긍정적 구매 효과가 있는 비스포크 정장을 마련하는 것이 좋다. 비스포크 정장을 일찌감치 구매할수록 자신의 스타일을 빨리 파악할 수 있다. 우리는 치열한 경쟁 시대에 살고 있다. 어떤 경쟁에서든 우위를 점하면 일종의 보너스를 얻게 된다. 왜 비스포크 정장을 갖고 있어야 할까? 천편일률적으로 찍어낸 듯한 정장을 입고 있는 직장인 사이에서 독보적인 존재가 될 수 있기 때문이다.

비스포크 결혼식 정장은 격식을 갖춰야 할 자리에 입어 손색이 없으며, 시간이 흘러도 촌스럽거나 낡은 느낌이 나지 않는다.

그렇다면 비스포크를 구매할 때는 어떤 위험 요소가 있을까? 물건을 구매할 때, 확신 없이 충동적으로 하는 경우를 주의하라. 비스포크를 주문하기 전에 위스키를 마시는 사람들이 종종 있다. 중요한 결정을 내릴 때는 오래 기다리고 생각해야 한다. 비스포크 정장 구매는 하나의 투자이므로 현명하게 선택해야 한다. 높은 투자 수익을 원한다면 신중한 검토와 결정이 필요하다. 비스포크 정장을 구매하기 위해서는 인내심과 명확한 이해가 있어야 한다. 검토를 거듭하고, 재단사와 생각을 최대한 많이 공유하라.

비스포크 정장을 구매하면 어떤 혜택이 따르는가? 몸에 완벽하게 맞는 옷을 입는다는 것은 일종의 호사다. 동료뿐 아니라 비즈니스 파트너도 금방 비스포크 정장의 진가를 알아본다. 정장 한 땀 한 땀에 자신의 독특한 스타일을 새기면 당신이 가장 독보적인 존재가 될 뿐 아니라 '진정한 나'를 찾게 된다.

### 자신의 비스포크 정장을 만들어라

비스포크 정장은 재단사가 만든다. 친구와 직장 동료로부터 좋은 재단사를 추천받을 수 있지만, 입소문만 믿지 말고 다른 사람의 최종 결과물을 눈으로 직접 확인한 후 재단사를 선택해야 한다.

또한 자신의 스타일을 찾는 것이 중요하다. 자신에게 가장 잘 어울리는 룩을 찾기 위해 면밀히 조사하자. 텀블러, 인스타그램, 페이스북과 같은 소셜미디어와 인터넷을 검색하는 것도 좋은 방법이다. 찾은 것을 분석하고 그 결과를 고려하자.

자신만의 재단사를 만나 디자인을 결정하고, 치수를 재고, 주문을 하라. 옷감, 버튼, 스티칭 방식, 안감 재단 같은 디자인 요소를 우선 선택하고, 디자인에 대한 세부적인 면들은 그 이후에 다시 정한다. 이 시나리오대로 간다면 다음 미팅에서는 치수를 잴 것이다.

재단사는 당신이 어떤 스타일을 원하는지 알아야 하니 질문할 것이다. 언제 어디서 입게 될지, 업무 혹은 행사 참석용인지, 1년 내내 입을지 혹은 한 계절만 입을지.

당신 역시 가능한 한 많은 질문을 하라. 자신에게 하는 이런 투자에서 쓸데없는 질문이란 없다. 바지나 재킷이 해진 경험이 있다면 꼭 얘기하라. 정장의 일부분을 더 견고히 제작하여 닳아서 떨어지는 것을 예방할 수 있다.

첫 피팅 작업에는 반드시 참여해야 한다. 이는 재단사가 당신 몸에 딱 맞게 피팅하기 위한 단계다. 안감을 대고 처리하는 것과 같은 마지막 손질이 필요 없는 가장 기본적인 첫 작업이다. 재단사는 보통 서로가 동의

한 수정 부분을 분필로 표시한다. 이 과정에서 정장의 핏이 어떻게 느껴지는지를 솔직히 말해야 한다. 재단사는 재단 과정에서 피팅이 필요하기도 하니 당신을 다시 부를 수도 있다.

마지막 피팅 작업에도 반드시 참여해야 한다. 오랜 노력이 비로소 성과를 보여주는 단계다. 상상만 했던 정장이 실제로 내 눈앞에 놓였다. 잇싸! 내 몸에 딱 맞구나! 이는 최종적으로 약간의 수정 작업을 할 수 있는 마지막 기회로, 재단사에게 잔금을 지불해야 하는 때이기도 하다. 정장을 어떤 셔츠, 어떤 구두 그리고 어떤 넥타이와 코디할지 의견을 나눠라. 포켓 행커치프, 옷깃 핀, 커프 링크스, 넥타이핀 등으로 전체적인 코디를 해보자.

옷이 닳고 닳도록 입어라. 1년에 한 번 입으려고 비스포크 정장을 구비하는 건 엄청난 낭비다. 비스포크 정장은 일반 정장 이상의 의미가 있다. 이 정장은 특별하다. 당신의 스타일을 부각하고 착용감을 높이기 위해 제작됐다. 새로 맞춘 비스포크 정장은 당신의 삶을 변화시킬 것이다. 마음껏 입고 즐겨라.

## 비스포크 구두

잘못 피팅된 구두는 멀리서도 금방 티가 난다. 이런 구두는 양쪽이 불룩 나와 있다. 힐 컵 사이에 틈이 있거나 연결 부분에 깊은 주름이 있다. 구두가 처음부터 잘 피팅되지 않았다는 증거다. 대부분의 사람들이 디자인은 예쁘지만 오랜 시간 신기에 불편한 구두를 하나쯤 가지고 있다. 구두는 무릎, 엉덩이 그리고 허리에 영향을 주기 때문에 신중을 기해 선택해야 한다.

"얘야! 허리와 발을 잘 돌봐라."라고 어른들이 말한다. 이것이 비스포크 구두를 가져야 할 이유다. 비스포크 구두를 주문하는 과정은 간단하다. 셔츠, 정장, 블레이저를 제작하는 것보다 시간이 훨씬 짧다.

비스포크 구두를 맞추는 절차

- 수제화 가게를 찾는다.
- 발의 치수를 잰다.
- 자신의 발에 맞는 구두 제작 틀을 찾는다.
- 가죽을 선택한다.
- 색상을 선택한다.
- 마감재를 선택한다.
- 피팅을 위해 한 달 정도 기다린다.
- 필요한 경우, 최종 수정을 한다.
- 짜잔! 패션 모델처럼 당당하게 걸어본다.

## 비스포크 넥타이

비스포크 넥타이는 기성복 넥타이로는 완벽한 핏을 내기 힘든 남성을 충분히 만족시킨다. 키가 큰 남성은 좀 더 긴 넥타이가 필요하며 넥타이 끝부분이 너무 짧지 않아야 한다. 반면, 키가 작은 남성은 끝부분이 짧은 넥타이가 좋다.

비스포크 넥타이가 잘 어울리는지 확인하는 방법이 있다. 좋아하는 매듭법으로 넥타이를 매고 넥타이의 끝부분이 어디에 닿는지 확인하라. 넥타이의 앞부분이 뒤로 밀어 넣어지지 않으면 너무 짧은 것이다. 넥타이 끝부분이 앞부분보다 길어도 안 된다. 그러면 넥타이가 너무 긴 것이다. 비스포크 넥타이에는 재단사의 손길이 꼭 닿아야 하기 때문에 반드시 좋아하는 재단사를 찾아서 직접 제작하라. 가장 잘 맞는 길이와 너비, 옷감을 선택하라. 생각보다 쉽다.

## POINT

- 비스포크는 여러 면에서 잊지 못할 경험을 선사한다.
- 자신이 직접 디자인에 참여했다는 사실만으로도 자랑스럽다.
- 좋은 품질과 훌륭한 재단은 그 어떤 것과도 바꿀 수 없다.
- 비스포크 세계에서 멋과 최상의 기분을 동시에 경험할 것이다.

11장

# 패션의 완성, 신발

우선 질 좋은 신발을 구입하라. 그래야 오랫동안 편안하게 신을 수 있다. 신발은 곧 나 자신이다. 흔히 첫인상이 중요하다고 하는데, 신발은 첫인상에 큰 영향을 주어 전체적인 스타일을 살리거나 망칠 수 있다. 내 신발 상태와 외형을 돌아보자. 신발 상태가 좋지 않으면 전반적인 패션 스타일이 무너진다. 엉성한 신발에는 항상 사람들의 시선이 모인다. 전체적인 스타일과 어울리는 좋은 신발은 튀지 않으면서 전체를 완성한다. 무엇보다도 상황에 맞는 신발이 중요하다.

신발을 고르는 방법

- 스니커즈는 캐주얼에 잘 어울리며 외부 활동을 하거나 쉬는 날 신기에 좋다.
- 하이톱 슈즈는 농구나 다른 스포츠를 즐길 때 좋다. 춤, 디제잉, 재즈 공연에도 적합하다.
- 부드럽고 세련되고 우아한 분위기를 연출하고 싶을 때는 로퍼를 신어라.

- 브로그 구두는 클래식함에 감각을 더한 아이템이다. 여기에 현대적 라인까지 갖췄다.
- 데저트 부츠는 실용적이며 현대적인 면을 부각해 강한 의지를 표출하는 데 알맞다.
- 밀리터리 부츠는 기능적이고 터프한 면을 부각한다.

어수선하고 시대에 뒤떨어지는 듯 빈티지한 분위기를 자아내는 코디는 단정치 못하고 엉성해 보인다. 하지만 대개 의도적으로 연출된 스타일링이다. 음악 산업은 항상 패션 트렌드에 영향을 주는데, 신발도 예외는 아니다.

우리는 힙합 음악에서 하이톱을, 포크와 록 음악에서 등산화나 밀리터리 부츠를, 인디 음악에서 데저트 부츠를, 일렉트로닉 음악에서 스니커즈를 보게 된다. 이는 꼭 지켜야 하는 패션 수칙이라기보다 잘 어울려서 생긴 유행이다.

신발은 전체적인 스타일에 큰 영향을 준다. 서로 다른 스타일을 섞으면 완전히 다른 이미지가 만들어진다. 예를 들어, 정장에 스니커즈를 더하면 전체적인 스타일이 훨씬 더 편안하고 유쾌해진다. 반면 정장을 남성용 단화나 더비 구두와 코디하면 샤프하고 세련된 분위기가 연출된다.

많이 닳아 세월감이 적당히 묻어나는 브로그 구두를 잘 재단된 반바지와 헐렁한 린넨 셔츠 등에 코디하면 캐주얼 복장을 멋지게 연출할 수 있다. 에스파듀와 매칭하면 해변 또는 보트가 연상되는 시원한 스타일이 된다. 다양하게 믹스매치를 해보라. 예를 들면, 블루 벨벳 슬리퍼를 데님 청바지와 캐주얼 셔츠에 코디하는 것도 좋다. 물론 의상과 다른 분

위기를 풍기는 신발로 스타일을 연출하기란 쉽지 않다. 하지만 잘 소화하면 자신만의 스타일과 자신감을 당당하게 내비칠 수 있다. 신발이 많을수록 자신만의 스타일을 연출하기가 쉬워지고, 독특하면서 신뢰감 있는 스타일을 연출할 수 있는 선택의 폭이 넓어진다. 신발만으로 분명 놀라운 변화를 경험할 수 있다.

## POINT

- 좋은 신발은 패션의 완성이다.
- 좋은 신발은 편안하게 오래 신을 수 있다.
- 당신의 다양한 페르소나에 맞는 구두를 각각 구비하라.
- 신발만큼은 많을수록 스타일링에 도움이 된다.

12장

# 안경과 스타일

안경은 시력 교정을 위해 기능적으로 필요하지만, 다양한 인상을 만들어 사람을 돋보이게 하기도 한다. 선글라스나 안경이 필요한가? 자신에게 가장 잘 어울리는 스타일을 아는가? 자신이 싫어하는 스타일은 무엇인가? 혹시 똑같은 스타일의 안경만 고수하고 있지는 않은가? 안경이나 선글라스 테를 선택할 때, 안경점에서 직접 착용해보고 자신에게 가장 잘 어울리는 것을 찾아라. 새로운 안경을 고를 때 얼굴 형태, 길이, 너비, 전면 모습 등을 고려해야 한다. 균형과 대칭 또한 중요한 고려 사항이다. 안경의 스타일과 색상은 인상을 좌우한다. 안경테는 얼굴 형태와 대비를 이루면서 얼굴 크기에 잘 맞아야 한다.

### 안경테 고르는 방법

- 둥근 얼굴에는 각이 지고 가느다란 안경테가 좋다. 얼굴이 약간 갸름해 보인다.
- 계란형 얼굴이면 얼굴의 너비를 채울 수 있는 안경테를 고른다.
- 길쭉한 얼굴에는 넓은 안경보다 아래로 더 떨어지는 안경테가 더 잘

어울린다.

- 정사각형 얼굴은 옆이 넓고 가느다란 안경테 혹은 좁은 타원형 안경테를 선택한다.
- 아래쪽으로 각진 삼각형 얼굴에는 얼굴 윗부분 3분의 1을 두드러지게 만드는 것으로, 안경테 끝에 포인트가 있는 스타일이 좋다.
- 위쪽으로 각진 역삼각형 얼굴(이마가 넓고 얼굴 아랫부분 3분의 1이 좁은 형태)에는 밝은 색상의 안경테나 무테가 잘 어울린다.
- 다이아몬드형 얼굴은 또렷한 이마 라인을 살릴 수 있는 안경테를 선택한다.

안경테 색상을 고를 때는 머리색을 고려해야 한다. 사람마다 얼굴도 다르고 피부색도 다르다. 자신의 피부 톤이 어떤지 잘 살펴라. 푸르스름하고 시원한 피부 톤에는 회색, 분홍색, 파란색, 자주색, 장미색, 비취색, 석탄색, 자수정색이 어울린다. 반면 따뜻한 피부 톤에는 빨간색, 청록색, 갈색, 크림색, 카키색, 베이지색, 오렌지색이 잘 어울린다. 새로운 스타일을 원한다면 기본에서 벗어나 과감한 스타일을 시도해볼 만하다.

안경은 항상 패션 트렌드의 영향을 받아왔다. 톰 포드와 올리브 피플스는 레트로 스타일을 선보이기도 했는데, 이는 중후한 느낌이 들면서 70년대 분위기를 물씬 풍긴다. 시장과 패션 환경이 바뀜에 따라 점점 더 얇은 안경테가 각광을 받고 있다. 안경테 판매원이나 전문가와 충분히 상의하여 자신에게 맞는 스타일을 찾아라. 안경은 얼굴에서 큰 부분을 차지하므로 신중히 결정해야 하며, 가볍게 생각했다가는 스타일을 망치기 쉽다.

대개 안경테는 구입하고 나면 전체 틀을 조정하기 어렵다. 콧대에 안정적으로 안착하지 않는다면 바로 바꿔야 한다. 최대한 많은 안경을 착용해보기를 권한다. 그러고 나서 두세 개로 추린 후에, 마지막으로 한 개를 선택하라. 안경테를 선택하는 과정은 느리고 점진적으로 이뤄진다. 이를 귀찮아하면 안 된다. 전문가 혹은 판매원과 거듭 상담하기를 두려워하지 마라.

스타일은 개성을 반영한다. 이때 안경테는 중요한 역할을 한다. 안경테는 신발처럼 자주 바꿀 수 있는 유익한 액세서리다. 데일리 룩과 관련된 사항이니, 자신을 한 가지 스타일에 가두지 마라.

## POINT

- 전문가의 도움을 받아라.
- 가능한 한 많은 안경테를 착용해보라.
- 가장 잘 어울리는 안경테 두 개를 신중하게 선별하고 마지막 하나를 결정하라.
- 우선 가장 잘 어울리는 안경테를 선택한 후, 다른 상황에 코디할 만한 여분의 안경테를 골라라.
- 안경을 머리 위에 얹지 마라. 안경이 늘어나거나 단정치 않게 보일 수 있다.

13장

# 비즈니스 룩

우리는 일을 하며 많은 시간을 보낸다. 이런 삶은 옷장에도 그대로 반영된다. 일반 직장인의 옷장과 창조적 일을 하는 사람의 옷장은 응당 다르다.

당신이 어떤 일을 하든 옷장을 모두 같은 옷으로 가득 채우는 것은 바람직하지 않다. 비즈니스용 양말, 비즈니스용 셔츠, 비즈니스용 정장, 비즈니스에 적합한 캐주얼까지 비즈니스맨을 위한 아이템은 무수히 많다.

여기 비즈니스맨을 위한 기본 아이템에 관한 아이디어가 있다. 7장에서 소개한 30개 필수 아이템을 바탕으로 자신만의 앙상블을 만들 수 있는 방법이 있다.

## 일반 직장인을 위한 기본 아이템

- 정장 3벌
- 드레스 셔츠 10장
- 넥타이 10개
- 민무늬·패턴 포켓 행커치프 5개
- 검은색과 다크브라운색 더비 구두 각 1켤레

- 검은색과 갈색 벨트 각 1개
- 검은색 양말 5켤레, 민무늬·패턴 양말 5켤레
- 타이 바 1개
- 라펠 핀 1개
- 피코트와 겨울용 스카프

창조적 직업군 종사자를 위한 기본 아이템

- 청바지 2개(하나는 어두운 색, 또 하나는 밝게 워싱된 제품)
- 흰색 혹은 색이 있는 스니커즈 1켤레
- 색다른 양말 10켤레
- 캔버스 벨트 2개
- 프린트, 체크, 줄무늬 셔츠 8장
- 단색 티셔츠 4장
- 캐주얼 면/린넨 블레이저 2개(밝은 색과 어두운 색 하나씩)
- 황갈색 브로그 구두 1켤레
- 다크브라운색 스웨이드 부츠 1켤레
- 로퍼 1켤레
- 더블 몽크 스트랩 구두 1켤레
- 니트 타이 2개
- 데님 셔츠 2장(밝은 색과 어두운 색 하나씩)
- 피코트 1벌
- 스카프 1개
- 감색과 베이지색 치노 바지 각 1개

## 현대 비즈니스 룩

스리 피스 정장이 다시 돌아왔다. 잘 차려입으면 날렵하게 잘 정돈된 느낌을 줄 뿐 아니라 날씬해 보인다. 원단 종류에 따라서 캐주얼 스타일링에도 적용할 수 있다. 간혹 쓰리 피스 정장에서 정갈한 정장 바지대신 데님 바지를 입고, 셔츠는 노타이에 단추를 하나쯤 푼 다음, 포켓 행커치프를 착용하는 믹스업 스타일도 돋보인다.

세퍼레이트(세트로 입지 않는 것) 역시 트렌드다. 80년대엔 스포츠 코트와 슬랙스라 불리던 아이템들이 21세기에는 블레이저와 바지라 불린다.

세퍼레이트 룩을 입는다면 상하의는 가능하면 동일한 재질이 좋다(예를 들면 상의가 면이면 하의도 면, 모직이면 동일하게 모직으로). 핏은 깔끔하고, 모던하며, 기본에 충실한 스타일이 좋겠다. 셔츠와 바지는 화려함을 상쇄할 차분한 색으로 준비하고 윈도페인 체크나 프린스 오브 웨일스 체크 같은 커다란 체크 패턴도 활용하기 좋다.

실크 니트 타이와 텍스처가 있는 울이나 린넨 타이를 타이 바와 함께 매고 부토니에르, 포켓 행커치프 같은 액세서리로 세퍼레이트 스타일에 공작새처럼 깃을 세우자.

더블 브레스티드 블레이저는 은은한 중간 색조의 파란색이나 초록색 계열의 바지와 조화가 잘된다. 과감한 패턴이나 독특한 무늬의 양말을 함께 신으면 미묘하고 은근한 조화를 만들어낼 수 있다.

보다 산뜻하게 조화시키려면 블레이저의 체크무늬에 쓰인 색 중 하나를 골라 그 색의 단색 바지로 매칭한다. 이때 셔츠는 흰색이나 파란색 같은 무난한 컬러를 고르자.

## 캐주얼 프라이데이

당신 회사에도 캐주얼 프라이데이같이 편안한 옷을 입는 날이 지정되어 있는가?

캐주얼 프라이데이라는 단어는 전 세계적으로 직장인들을 끊임없이 혼란스럽게 만드는 논쟁의 중심에 있다. 일부 사람들은 그저 편안한 옷을 입을 기회로 삼지만, 어떻게 받아들이든 출근을 해야 하는 건 똑같아서 어떻게 입어야 금요일에 적절한 옷차림일지 혼란스러울 수 있다.

이 단어를 '패션 프라이데이'라고 해석해보자. 그러니 좀 더 스타일리시한 차림을 생각하자. 멋진 인상을 남길 좋은 기회 아닌가? 좀 더 창의적으로 옷을 입을 기회로 삼는 건 어떤가?

옷을 좀 편히 입어도 되는 날 클라이언트와의 미팅이 있다면 당신의 스타일이 회사와 당신 자신을 대표함을 기억해야 한다.

이럴 때 세퍼레이트 룩이 제 몫을 한다. 세퍼레이트 룩을 택했다면 다시 한 번 생각해보는 것이다. "일을 마치고 고급 식당이나 바에 가도 적절한 차림일까?" 현실적으로 생각하되 재미를 잃지 않는 것이 포인트다. 단, 과도하게 편안한 복장은 상황에 맞지 않을 수 있다. 스타일이 자신의 브랜드임을 잊지 말자.

### POINT

- 비즈니스 룩은 당신이 비즈니스맨이라는 사실을 반영해야 한다.
- 비즈니스를 위한 옷으로 옷장을 채워라.
- 캐주얼 프라이데이는 옷을 '아주 편안하게' 입는 날이 아니다. 노력이 필요하다.
- 비즈니스 캐주얼은 노타이의 영역이다.
- 현대 비즈니스 룩을 위해 믹스 앤드 매치를 시도하라.

11장

# 면접 볼 때는 어떻게 입어야 할까?

면접이나 인터뷰 때는 어떤 스타일로 임해야 할까?

우선 이 책의 다른 부분들을 참고하자. 면접에서는 잊지 못할 첫인상을 만드는 것이 가장 중요하다. 강력하고 깔끔한 나만의 인상을 남기는 것이 면접 의상의 목표다. 특히 2차나 3차 면접에서는 더 중요하다. 인터뷰나 면접에서는 만남 자체로도 주눅이 들 수 있다. 따라서 상황에 적절한 옷차림을 하면 스트레스도 줄고 미팅의 주제에 집중하는 데 도움이 된다.

## 입사 면접에서는 어떻게 입어야 하는가?

이 경우 너무 간소한 복장보다는 약간 지나치다 싶을 정도로 정장을 갖춰 입는 것이 좋다. 인터뷰 상황을 파악하고는 약간 지나치게 차려입었다는 생각이 들면 재킷을 벗거나 넥타이를 풀거나 하는 식으로 대처할 수 있지만, 반대의 경우라면 가져가지 않은 재킷을 걸칠 수는 없지 않은가?

입사 면접에 정장을 바탕으로 스타일링 했다면, 첫 단추를 잘 꿴 셈이다. 깨끗하게 잘 다린 흰색 셔츠를 정장에 매칭하는 것이 좋다. 짙은 갈색이나 검은색 레이스업 구두를 색깔이 같은 벨트와 감청색 양말과 매치하면 조화로운 스타일을 위한 견고한 닻을 내린 셈이 된다.

업종에 따라 포켓 행커치프를 더할 수도 있고 뺄 수도 있다. 셔츠의 윗단추를 풀거나 넥타이를 매는 선택도 있다. 하지만 너무 정장을 빼입은 나머지 면접관들의 관심이 본인이 아닌 옷에 돌아가면 안 된다는 것도 잊지 말자.

면접 전에 빳빳한 흰색 셔츠를 새로 사 입는 것도 괜찮다. 옷에서 불거질 수 있는 그 어떤 사소한 오해의 실마리도 원치 않는다면 이런 방법도 바람직하다.

## 현대적 스타일을 시도하라

특히 창조적인 직군에 속해 있는 경우라면 그 산업 분야에서 통용되는 스타일을 추구하는 것이 필수다. 일단 네이비색 블레이저로 시작해보자. 그리고 날렵해 보이고 몸에 잘 맞는 청바지도 효과적이다. 민무늬 셔츠도 좋지만 리버티 셔츠도 좋고, 체크무늬 셔츠나 스트라이프 셔츠도 제격이다. 브로그 구두, 독특한 양말 그리고 캔버스 벨트를 챙기되 각각의 아이템들이 완벽하게 매칭될 필요는 없다. 단, 전체적인 조화를 고려해야 하니 어떻게 이 모든 걸 깔끔하게 조화시킬지도 염두에 두자.

**POINT**

- 잊지 못할 첫인상을 남겨라(두 번째, 세 번째 인상도 마찬가지다).
- 면접 때는 클래식한 스타일, 단순한 스타일, 조화로운 마무리가 중요하다.

- 블레이저에 청바지를 매칭한 스타일은 창조적 직군의 면접에 안성맞춤이다.
- 새로 장만한 흰색 셔츠는 언제나 유용하다.
- 멋있어 보이면 기분도 좋아진다.

15장

# 슬림해 보이는 스타일

실제 몸집과는 상관없다. 옷만 잘 입어도 날씬해 보일 수 있다. 키가 크거나 작거나, 날씬하거나 근육질이거나, 사람마다 체형은 전부 다르다. 자신의 체형에 맞는 스타일을 만드는 데 필요한 기술은 무엇일까?

5킬로그램 정도 날씬하게 보이려면 나만의 독특한 핏, 내게 맞는 색 그리고 스타일을 이해해야 한다. 대부분의 남자들은 실제 자신의 신체 사이즈보다 옷을 훨씬 크게 입는 경향이 있다. 그래야 부해 보이는 자신의 몸을 감출 수 있다고 믿는다. 하지만 이는 사실과 다르다. 자신만의 핏에 맞게 입어야 날씬하게 보인다. 핏을 살리는 게 가장 중요하다.

핏에 맞게 입으면 몸매가 그럴듯하게 살아나는 효과가 있다. 목 라인, 허리 라인, 재킷의 끝자락 라인, 소매 길이와 바지 길이는 반드시 실제 사이즈와 일치해야 한다. 그래야 자신의 신체의 장점을 드러내는 동시에 도드라지는 다른 단점으로 관심이 쏠리지 않는다. 잘 맞지 않으면, 천하의 아르마니 정장을 입어도 멋이 없다.

대부분의 남자들은 검은색이 가장 날씬해 보인다고 알고 있다. 하지만 검은색이 자신의 피부 톤과 맞지 않으면 소용없다. 이럴 경우 감청

색이나 진회색이 대안이 된다. 이 색 역시 검은색 못지않게 슬림한 느낌을 준다.

자신의 머리, 피부, 눈동자 색깔 또한 자기만의 룩을 만드는 데 보탬이 된다. 액세서리를 고를 때는 눈동자 색, 머리색 등을 고려하여 고른다. 체형이 모두 다르듯, 자신에게 어울리는 컬러도 모두 다르다. 정해진 공식 따윈 없다.

물론 가장 중요한 것은 전체적인 스타일이다. 스타일은 문자 그대로 개성을 입는 것이다. 자신의 개성을 스타일로 보여줌으로써 말이 필요 없는, 좀 더 정확하고 강력한 첫인상을 남길 수 있다. 여기에 평소의 자세와 품행이 스타일에 맞게 갖춰진다면 더할 나위 없다. 여러 노력이 어우러져 당신을 날렵하고 확신에 찬 이미지로 만드는 것이다.

어떻게 하면 색과 액세서리에 자신의 라이프스타일과 개성을 담을 수 있을지 늘 고민하라.

전체 이미지를 확장하는 스타일 테크닉

- 셔츠를 바지에 넣어 입으면 몸의 중심점이 잡히는데, 시각적 균형도 눈과 몸에 두루 새기고 슬림해 보이는 효과가 있다. 반면에 셔츠를 바지 밖으로 꺼내 입으면 다리가 짧아 보이고 전체적으로 왜소한 인상을 준다.
- 대조적인 색으로 균형을 맞춘다. 키가 작은 사람은 밝은 색 하의와 어두운 색 상의, 키가 큰 사람은 반대로 어두운 색 하의와 밝은 색 상의를 입는다.
- 셔츠의 맨 위 단추 두 개를 열어두면 길이감이 생긴다. 이렇게 하면 목 라인이 보이면서 목이 더 길어 보이는 효과가 있다.

■ 밑으로 갈수록 통이 좁아지는 바지(테이퍼드tapered 핏)는 다리가 길어 보인다. 반대로 통이 넓은 바지는 다리가 짧아 보인다.
■ 뾰족하거나 모양이 긴 신발이, 끝이 둥글거나 뭉툭한 신발보다 키가 커 보인다. 예를 들면, 키가 큰 남성이 뾰족한 신발을 신으면 실제 키보다 훨씬 더 커 보인다. 밑창이 두툼한 형태의 신발을 신으면 실제 키는 커질지 모르지만 외견상 더 작아 보인다.
■ 키가 작은 사람이 밝은 색 계열 신발을 신으면 주의가 발로 돌아가면서 전체적으로 길어 보이는 효과가 있다.
■ 키가 큰 사람이 너무 커 보이는 효과를 막으려면 색이 짙은 구두를 신어서 키로 주의가 집중되지 않도록 한다.

피해야 할 것들

■ 옷을 몸에 너무 달라붙게 입으면 몸의 무게감이 강조된다. 사력을 다해 피해라.
■ 옷이 너무 헐렁하면 실제보다 훨씬 더 뚱뚱해 보인다.
■ 옷 밑단이 너무 길면 작아 보인다. 마찬가지로 밑단이 너무 짧으면 마르고 홀쭉한 느낌이 든다. 이는 재킷 길이와 재킷 팔 길이에도 똑같이 적용된다.

물론 다이어트와 운동으로 날씬해지는 것이 제일 좋은 방법이다. 체중 감량이야말로 드라마틱하게 진정한 생명력을 얻는 느낌을 가져다준다. 형용하기 힘들 정도로 지난한 과정을 거쳐 거대한 변화를 직접 겪고 체험할 수 있다. 이 과정에는 카타르시스도 두려움도 있지만 동시에 무엇보다도 매우 흥분되는 일이기도 하다.

또한 단기간에 체중을 크게 감량했다면, 당연한 얘기지만, '자기만의 옷장'을 잃었을 것이다. 체형이 변하면서 맞는 옷이 없어졌을 테고, 그에 따라 스타일도 다시 고민해야 한다. 자신의 날씬해진 몸매가 새롭게 느껴질 것이다. 몸을 날씬하게 만들어도 적절한 의상을 선택하지 못하면 소용없다. 멋진 몸매를 만들었으면 그에 맞는 근사한 스타일링으로 더 훌륭한 모습을 연출해야 한다. 스타일링을 할 때 자신감은 아주 긍정적으로 작용한다. 이런 요소들이 모여 완전히 새로운 외모를 만든다.

이제 옷 밑단이나 마무리 등에 특별한 관심을 기울여 더 날씬해 보이게 만들자. 악마는 디테일에 있다. 모든 차림에서 대칭과 균형을 생각하자. 대비 효과 역시 무시할 수 없다. 궁극적으로 자신이 어떻게 보이느냐는 오직 자신에게 달려 있다. 하지만 겉보기에 5킬로그램쯤 덜 나가는 효과를 원한다면 앞서 알려준 방법을 적용해보기 바란다.

## POINT

- 자신의 핏, 컬러, 스타일을 파악하자.
- 집을 나서기 전에 늘 거울을 보자.
- 반드시 옷 수선 집을 알아두자.
- 대비 효과를 잊지 말자.

16장

# 남자의 섹시함

인간이라면 모두 자신이 최고의 모습으로 비치기를 원한다. 섹시해 보이고 싶어 하는 것도 그 욕망 중 하나다. 더 매력적으로 보이고 싶은가? 더 섹시하게 보이고 싶은가? 첫 출발은 '배려'다. 먼저 데이트 상대를 떠올리고, 만나기로 한 장소에 어울리는 드레스 코드를 생각해보자.

여성의 경우 짧은 블랙 드레스를 입고 '킬힐'을 신고 메이크업을 잘하면 섹시해 보일 수 있다. 남성의 섹시함은 어떻게 연출될까?

남성에게 짧은 블랙 드레스 같은 아이템은 어떤 것이 있을까? 한 가지 확실한 것이 있다. 검은색은 매우 섹시한 색상이며 그 사실은 수십 년이 지나도 바뀌지 않았다는 것이다.

섹시해 보이기 위한 옷차림

- 검은색은 섹시한 컬러다.
- 몸에 잘 맞는 옷을 입고 몸매를 적당히 드러낸다.
- 벨벳과 가죽 재킷은 최고로 섹시한 소재다. 래퍼가 아니라면 이 소재의 바지는 피해야 한다.

■ 마지막으로 가장 중요한 조언이다. 몸에 잘 맞는 정장이 남성을 가장 멋있게 만든다.

상황에 맞게 옷을 입는 것. 여기에 존중의 의미가 담긴다. 스스로 상황에 적절한 옷을 입었다고 느끼는 순간, 이는 곧바로 자신감으로 이어진다.

가벼운 분위기의 술집에서 어필하는 섹시한 룩은 '나 너무 힘주지 않았어.'라는 듯 조금은 힘을 덜 준 스타일이다. 적절히 잘 맞는 청바지에 티셔츠 그리고 밀리터리 부츠나 라이더 부츠가 제격이다.

데이트하기 좋은 도시의 바나 레스토랑에 어울리는 옷차림은, 라인이 잘빠진 정장에 여유롭게 풀어 헤친 셔츠나 니트 그리고 스웨이드 로퍼를 챙겨 신은 차림이다.

그루밍에 시간을 쏟아야 한다는 것을 늘 염두에 두고 있어야 한다. 그루밍은 그 자체만으로도 자신의 스타일을 가꾸는 데 시간을 쏟고 있으며 자기 관리가 되고 있음을 보여준다. 신발도 확인하라. 늘 깨끗해야 하고 옷과 어울려야 한다.

요즘 태도가 정중한 남자를 찾아보기 힘들다. 그렇게 드문 남자가 되라. 시간을 잘 지키는 것도 매력적이다. 그렇다고 아니나 다를까 매번 늦게 오는 데이트 상대에게 참을성 없게 대하진 말아야 한다.

가벼운 술집에서 만나든, 도심의 멋진 곳에서든, 또한 어떤 상황에서든 자신감이 중요하다. 꾸며내지 말고 자신의 내면을 보이기 위해 노력하라.

너무 자만하거나 자신에게만 집중하는 모습은 좋지 않다. 정말 매력 없는 모습이다. 꾸밈없이 순수한 남자들의 세상이 도래하고 있다. 허세로 가득 찬 남자처럼 별로인 것도 없다.

## POINT

- 그루밍에 쏟는 노력에는 보상이 따른다. 노력하라.
- 잘 관리된 구두는 은근하게 전체 스타일을 살린다.
- 정중하라. 정중함은 본질적 매력이다. 정중함은 상대를 염두에 두고 배려하고 사려 깊게 대하는 과정에서 나온다.
- 남자가 만들어낼 수 있는 유일한 섹시함은 자신감에서 나온다. 자신감은 멋지게 준비된 외모에서 시작된다.

17장

# 매력적인 데이트 패션

데이트하러 나갈 때, 지나치게 차려입은 것처럼 보이는 것도, 너무 신경 쓰지 않은 것처럼 보이는 것도 적절치 않다. 두 번째 데이트를 원한다면 첫인상은 중요하다.

데이트할 때는 자신의 진정한 모습을 보여주고 싶을 것이다. 걱정 말라. 데이트에서 자신을 보여주는 방법은 많다. 자신에게 어울리게만 하면 된다.

데이트의 세 가지 기본적인 드레스 코드는 고급 레스토랑 패션, 클럽 패션, 소개팅 패션이다.

이렇게까지 스타일이 확실하게 구분이 되다니, 두려울 수 있다. 그러나 걱정 없다. 좋은 첫인상을 오래 유지하기 위한 팁이 있으니. 가장 중요한 것은 어떤 데이트 상황에서도 기본적인 스타일을 유지하는 일이다. 샤워와 면도를 하고 (아니면 수염을 다듬고) 데오드란트를 바르고 향수를 은은하게 뿌려라. 머리 손질은 기본이다.

이제 데이트에서 좋은 인상을 주려면 무엇을 입어야 할까?

## 고급 레스토랑 패션

약간 진한 데님 바지에 흰색 정장 와이셔츠를 집어넣고 이에 맞는 벨트를 한다. 신발은 레이스업 구두로 하고 (외투를 입기는 좀 더운 날씨라 해도) 블레이저로 마무리한다(덥다면 실내에서는 벗을 수 있다).

## 클럽 패션

클럽이나 바에서는 물 빠진 데님 청바지에 멋시 있으면서 비싸 보이는 단색 티셔츠, 그리고 굽이 낮은 로퍼가 필요하다. 마무리는 블레이저가 적당하다. 버튼을 잠그지 않아도 좋다. 베스트를 즐겨 입는다면 그것도 좋은 선택이다.

## 소개팅 패션

소개팅에는 두꺼운 치노 바지에 주름 없는 데님 셔츠가 알맞다. 또는 프론트턱 주름바지에 캔버스 벨트를 하고 캐주얼 부츠로 마무리해도 완벽하다.

어떤 장소라도 긴장하지 않고 편안하게 즐길 수 있으려면 무엇보다도 자신의 패션에 자신감을 가져야 한다.

데이트는 어떤 중요한 일의 시작일 수 있다. 인생의 더 크고 좋은 무언가를 얻기 위한 디딤돌이 되기도 한다. 좋은 감정을 전달하고 기억에 남는 긍정적인 첫인상을 주기 위해 노력하라. 그러면 열 배로 보상받는다.

## POINT

- 데이트 장소를 고려하라.
- 어떤 데이트를 할지 생각하고 그에 맞게 입어라.
- 지나치게 차려입었다면 재킷을 벗는다거나 타이를 약간 느슨하게 풀어주는 식으로 조정할 수 있다.
- 반드시 좋은 첫인상을 주기 위해 노력하라.

18잔

# 결혼식 패션의 법칙

내 결혼식은 내가 가장 멋져야 하는 날이다. 그러려면 노력해야 한다. 결혼식 사진은 오래 남는다. 주인공답게 보여라.

모든 것을 딱 10에 맞추는 것이 아니라 가장 좋은 모습, 가장 근사한 차림새, 가장 활기 넘치는 기운으로, 내적·외적 모습을 11까지 끌어올려야 한다.

걱정할 필요는 없다. 실제로 어떻게 해야 할지 알아보자.

## 결혼식을 준비할 때

결혼식에서 전통적인 생각 중 하나는 신부에 비해 신랑의 스타일은 별로 중요하지 않다는 것이다. 그렇다고 신랑의 예복을 생각 없이 선택해도 된다는 뜻은 아니다. 실제로 자신의 스타일을 계획대로 드러내지 못할 수 있다.

다음은 결혼식을 준비할 때 과정별로 명심해야 할 목록이다. 목록을 따라가며 준비하면 예기치 못한 스타일 문제를 다소 해결할 수 있을 것이다. 스타 웨딩 전문가이자 재단사가 밝히는 내용이다.

## 18장

3개월 전

결혼식 3개월 전부터 예복에 맞게 몸을 만들어나가야 한다. 3개월은 정말로 최소한의 기간이다. 현실적으로 빠르면 빠를수록 좋다.

1개월 전

재단사에게 어떻게 하는 것이 좋은지 다시 한 번 확인한다. 한 달이면 많이 남은 것 같지만, 잘못된 것이 있으면 바로잡고 처음에 비해 체중이 늘거나 줄었다면 조정할 수 있는 정도의 시간이다.

1주 전

디테일한 부분에 신경 써야 할 때로, 머리카락을 손질해야 한다. 1주일이면 머리카락이 약간 자라서 '막 이발한' 모습을 피할 수 있다. 이 외에도 다른 여러 가지 개인적인 관리를 한다. 헤어스타일에 맞추어 수염이나 얼굴 털 정리를 시작한다. 또한 예복을 살펴보고 손질을 더 하거나 다림질이 필요한 부분이 없는지 확인해야 한다.

1일 전

결혼식 날 옷 입을 장소(드레싱 룸)에 가봐야 한다. 그날 필요한 것이 모두 있는지 확인한다. 예복 정장, 셔츠, 타이, 신발, 양말, 베스트, 커프 링크스와 면도기, 면도 크림, 비누, 헤어 제품, 칫솔과 같은 개인 물품들이 있는지 다시 한 번 꼼꼼하게 확인한다. 물론 결혼반지도 잊지 마라!

결혼식 당일

지금까지 미리 생각하고 준비했기 때문에 결혼식을 자동 주행처럼 할 수 있다고 생각하겠지만, 아직 준비해야 할 것들이 더 있다. 마지막으로 면도를 깔끔하게 하라. 그리고 데오드란트를 바르는 것도 잊지 마라. 결혼식이 진행되는 동안 땀이 나는 경우가 많다. 결혼반지를 한 번 더 확인하라.

다음 단계는 아마도 신랑 인생에서 최고의 순간일 것이다. 식장에 들어가기 직전 신부 쪽을 바라보며 행복을 흠뻑 느껴라. 앞으로 식이 어떻게 진행될지 알고 있으니 그 순간의 의미를 설레는 마음으로 음미하고 인생 최고의 날을 즐길 수 있을 것이다.

**POINT**

- 식을 안정적으로 치러야 하니 모든 일에 여유 시간을 두고 준비하라.
- 재단 작업이 필요한 사항들을 일정표로 만들어라.
- 긴급 연락처를 포함하여 스타일리스트, 운전기사, 사진사, 호텔, 피로연 장소 등 관련 스태프들의 전화번호를 갖고 있어라.

19장

# 여행과 스타일

일주일 일정의 여행에 어떤 준비물이 필요할까? 한 달 일정의 해외여행 준비와는 뭐가 다를까?

우선 여행 일정과 방문할 여행지의 날씨를 확인하라. 어디를 가고, 무엇을 할 것이며, 어떤 특별한 장소에 갈 것인지 확인하라.

여행은 다른 문화를 경험하고 현지 사람들에게서 많은 영감을 얻을 수 있는 기회다. 그렇기에 중독성이 있다. 하지만 여행을 준비하는 과정과 현지에 도착하여 체크인이나 체크아웃 하는 과정은 귀찮다. 그래서 대부분의 남자는 여행을 준비하는 데 효율과 간편함을 중시한다. 여행을 최대한 즐기려면 짐이 가벼워야 한다.

짐을 가볍게 싸는 것은 여행 중 쇼핑할 때도 중요한 덕목이다. 짐을 가볍게 싸면 여행지에서 생긴 특별한 물건들을 가져오기가 더 수월하다.

이틀에서 일주일 이내의 여행이라면 작은 여행 가방 한 개 정도가 좋다. 이보다 일정이 더 길어진다면 수화물 가방과 기내용 가방을 하나씩 가져간다. 세면도구나 일상복 등 자주 쓰는 물건들은 매일 꺼내기 쉽게 넣어두는 것이 좋다.

공식적인 문서나 전자기기들은 안전하게 휴대용 가방에 두어라.

체류하는 호텔마다 과도하게 싼 짐을 다시 풀고 다시 싸느라 끊임없이 씨름하고 싶어 하는 사람은 없을 것이다. 짐을 최소화하고 잘 정리하는 것이 여행 가방을 가볍게 하는 열쇠다.

여행 가방 최소화 가이드

- 옷을 적게 가져가고 여행지에서는 세탁 서비스를 이용하라.
- 다용도로 입을 수 있는 옷을 가져가서 각기 다르게 스타일링 하여 입어라.
- 스타일이 살아 있으면서도 기능적인 옷을 가져가라.
- 목적지의 날씨를 염두에 두어라.
- 참석해야 할 행사에 맞는 복장을 확인하라.

사람은 대개 자신이 고르고 골라 갖고 간 옷의 20퍼센트만을 입는다. 가져가고 싶은 옷을 모두 모은 다음 절반으로 줄여라. 짐이 가장 최소화될 때까지 이를 반복하라.

잘 다린 셔츠를 챙겼는가? 소용없다. 목적지에서 다시 다려 입어야 할 것이다. 다리지 않아도 괜찮은, 구겨지지 않는 셔츠를 챙기는 것이 좋다. 만일 다림질이 필요한 셔츠를 가지고 있다면 목적지 호텔의 룸서비스를 이용하거나 다리미와 다림질 판을 준비해달라고 요청하라.

런던, 로마, 피렌체, 파리, 뉴욕 같은 패션 메카 도시를 여행한다면 새 가방을 장만해 현지에서만 살 수 있는 옷을 사는 것도 좋다. 이들 도시에서 쇼핑을 하다 보면 도저히 외면하기 어려운 옷들이 눈에 많이 띌 것이다.

여행에서 중요한 팁이 있다. 가장 무거운 코트나 재킷은 여행 가방에 넣기보다 팔에 걸쳐서 비행기에 들고 타는 것이다. 그래야 여행 가방의 무게를 줄이는 데 도움이 된다. 반일 양복 가방을 가지고 가야 한다면 기내 승무원에게 걸어달라고 부탁해도 무방하다.

## POINT

- 짐을 최소화하는 것이 성공적인 여행 가방 싸기의 핵심이다. 진짜 필요한 것만 가지고 가라. 줄이고 또 줄여보자.
- 여행 일정표를 보고 정장을 입고 갈 행사가 있는지 확인하여 이에 맞게 짐을 싸라.
- 현지 세탁 서비스를 이용하면 옷을 적게 들고 가도 된다.
- 쇼핑을 한다면 현지에서 새 가방을 하나 사는 것도 좋다.

20장

# 현명한 쇼핑 가이드

등산이나 골프 등 야외 활동을 할 수 있는 완벽한 날씨에 쇼핑을 하느라 끌려다닌 적이 있나? 쇼핑은 즐겁기도 하지만 악몽이 되기도 하고 친구나 남녀관계를 악화시킬 수도 있다. 쇼핑을 하기 전에 가장 중요한 것은 '준비'다.

쇼핑하기 전에 준비할 것들

- 옷장을 확인하고 무엇을 사야 할지 구매 목록을 만들어라.
- 인터넷으로 매장에 해당 항목이 있는지 먼저 검색한 다음에 방문하자. 목록에 없는 아이템에 현혹되지 마라.
- 제대로 된 조언을 해줄 친구나 연인과 함께 가라. 매장 판매원의 말은 모두 긍정적인 경우가 많다. 잘 맞지 않는다, 어울리지 않는다는 말을 웬만해서는 하지 않는다. 정확한 조언이 필요하다.
- 사이즈가 애매한 옷이 있으면 수선을 고려하라. 좋은 수선사는 중요한 친구다. 수선사와 친해지면 보다 편안한 쇼핑을 할 수 있다.
- 할인한다고 무조건 사지 마라. 할인 판매에는 이유가 있다.

- 괜찮아 보이는 디자인과 사이즈가 있는데 좋아하는 색이 없다면 거기에 있는 다른 색으로 입어보라. 옷이 잘 맞는다 생각되면 원래 생각했던 색으로 주문한다.
- 적극적이고 좋은 조언을 해주는 매장 판매원이 있다면 기꺼이 칭찬하고 그 사람이 일하는 시간을 확인해둬라. 방문하기 전에 그 직원이 있는지 확인하는 것이다. 믿을 수 있고 당신을 잘 아는 사람이 있다는 것은 쇼핑은 하는 데 큰 도움이 된다.

## 계절별 필수 아이템

옷장에 기본 구성이 갖추어져 있다면 계절별로 유행하는 색상이나 아이템을 추가하라. 계절별로 새로운 색상이 추가되기도 할 테고, 새로운 디자인이나 핏에 맞는 제품을 갖추는 것도 좋다.

## 최고의 조언

유행하는 색상이 반드시 내게도 어울리는 것은 아니다. 엉덩이 부분이 길게 내려온 드롭 크로치 바지가 유행이라고 해서 무조건 당신에게 어울리는 것이 아닌 것처럼 말이다.

쇼핑은 극한 스포츠에 가깝다. 빨리 걷고 빨리 보고 빨리 선택해야 한다.

좋은 직원 매장을 만나면, 혼자 쇼핑을 할 때보다 서너 배는 더 효율적인 쇼핑을 할 수 있다.

## POINT

- 구매 목록을 만들고 할인 판매 아이템에 현혹되지 마라.
- 살 것을 온라인 쇼핑몰에서 둘러보고 난 다음에 오프라인 매장에 방문하라.
- 솔직히 말해줄 친구나 연인과 함께 쇼핑하라.
- 충동구매 금지. 필요하지 않거나 원하지 않는 것을 절대 구매해서는 안 된다.

21장

# 싱공 확률을 높이는 온라인 쇼핑

온라인 쇼핑 시장이 점점 더 커지고 있다. 남성 패션을 다루는 온라인 쇼핑몰 또한 무서운 속도로 성장하고 있다. 지금 이 순간에도 남성 용품 온라인 쇼핑몰 시장은 여성 용품의 온라인 쇼핑몰보다 더 빠른 속도로 성장하고 있다. 단점은 없을까?

왜 남성은 온라인 쇼핑을 하게 되기까지 이렇게 오래 걸렸을까? 어떻게 해야 할인 기간을 잘 활용할 수 있을까? 온라인 쇼핑은 안전할까? 내가 선택한 옷이 내 몸에 맞는지 어떻게 확인하나? 반품을 줄이고 보다 즐거운 경험을 할 수는 없을까? 우려가 많겠지만, 온라인 쇼핑은 생각보다 편하고 즐겁다.

먼저 구매 목록을 만들어 저장한 다음, 유사한 제품이 나올 때까지 기다리며 수시로 확인해보는 것이 좋다. 특정 쇼핑몰의 이메일 광고를 구독하는 것도 좋은 방법이다. 그래야 할인 판매 정보를 놓치지 않을 수 있다. 온라인 쇼핑을 잘 활용하면 옷을 맞춰 입은 것처럼 자신에게 꼭 맞는 옷을 구매하는 경험을 만끽할 수 있다.

대부분의 남성은 온라인 쇼핑을 꺼린다. 제대로 살 수 있을지 자신 없기도 하고 반품도 귀찮기 때문이다. 오프라인으로 쇼핑할 때도 반품을 하러 매장에 다시 가는 게 귀찮기는 마찬가지다. 하지만 일반적으로 온라인 쇼핑 환불 정책은 굉장히 간단하다. 생각처럼 복잡하지 않다. 반품을 두려워하지 마라.

쇼핑을 좋아하지 않고 시간도 없는 사람에게 온라인 쇼핑은 기적과 같은 존재가 되기도 한다. 일단 시도하라. 그러면 익숙해진다.

## POINT

- 마음에 드는 온라인 쇼핑몰 사이트를 즐겨 찾기 해둔다.
- 이메일 수신에 동의한다.
- 좋아하는 아이템을 장바구니에 담아둔다.
- 자신의 사이즈를 파악해놓는다.
- 해외 구매를 한다면 환율의 변동도 염두에 둬라.
- 환불 정책을 검토하라.
- 오프라인 매장에서 살 수 없는 것들을 확인한다.

22장

# 스타일링 아이디어를 얻는 법

어떻게 해야 창의적인 패션을 유지할 수 있을까? 일반적으로 스타일이 고착되면 대부분 거기에서 벗어나기 어렵다. 옷장을 열면 늘 입을 만한 게 없다고 생각한다. 옷장에서 아무런 영감을 받지 못하기 때문이다.

간혹 출장에서 영감을 얻는 경우가 많다. 낯선 도시에서 사람들이 어떤 걸 입는지 유심히 지켜보면 패션에 관한 영감을 얻게 된다. 물론 여행이나 출장을 통해서만 영감을 얻을 수 있는 것은 아니다. 수많은 소셜미디어를 통해서도 많은 아이디어와 영감을 얻을 수 있다. 편하게 집이나 사무실에서 온라인 매체를 통해 수많은 이미지를 볼 수 있기 때문이다.

온라인을 통해 영감을 얻는 방법

- 텀블러Tumblr, 페이스북Facebook, 인스타그램Instagram, 핀터레스트Pinerest 등에 있는 패션 블로그를 참고하라.
- 플립보드Flipboard라는 앱은 여러 소스의 피드를 간단히 넘겨보는 형태로 보여준다. 이 방법으로 많은 내용을 신문의 헤드라인 형태로 간략히 볼 수 있다.

- 텔레비전이나 영화에서도 스타일링 아이디어를 많이 얻을 수 있다.
- 남성이 멋져 보이려고 하는 건 당연하다. 창피해하지 말고 스타일 아이콘을 정해 새로운 모습을 연출하라.
- 이런 활동으로 좋은 반응을 얻었다면 잘하고 있는 것이다.

## POINT

- 여행이나 출장을 갔을 때 그 지역 사람들을 유심히 관찰하라.
- 온라인에서 영감을 찾고 자신의 것으로 만들어라.
- 비슷한 연령의 멋진 남성을 찾아 그를 따라 해보라.

23장

# 22가지 스타일링 팁

스타일링을 하며 뭔가 막혔을 때, 다음과 같은 해결책을 참고하라.

### 팁 1. 한 번 사되 잘 사라

이 철학을 지키면 돈과 시간이 절약될 뿐만 아니라 항상 가장 근사한 모습을 유지하며 멋있는 스타일을 연출할 수 있다. 또한 오랫동안 세련됨을 유지하는 유일한 방법이다. 현명한 소비를 하라.

### 팁 2. 청바지는 잘 맞아야 멋지다

청바지는 늘어나기 마련이라 한 사이즈 작은 것을 입어야 한다. 처음 입을 때는 불편할 수 있으나 그만한 가치가 있다. 처음 입었을 때 앉을 수만 있다면 아무 문제 없다. 허리에 남는 공간 없이 딱 맞는 것을 선택하라. 허리 뒤쪽으로 남는 공간이 있을 수 있다. 반드시 확인하라. 허리와 허벅지는 청바지에서 가장 잘 늘어나는 부분이다

셀비지selvedge 스타일 혹은 생지 데님은 가능한 한 빨지 않아야 한다. 천으로 된 주머니에 넣어서 냉동실에 두면 탈취 효과를 볼 수 있다.

### 팁3. 로퍼는 반사이즈 작게 신어라

슬립온 로퍼 역시 항상 늘어나기 때문에, 신다 보면 신발이 벗겨지고 나중에 못 신게 될 수도 있다. 발에 쏙 맞으면서도 아프지 않은 사이즈를 선택하면 무난하다.

### 팁 4. 드라이클리닝은 최소로 하라

드라이클리닝이나 다림질을 자주 하면 옷이 쉽게 망가진다. 심하게 오염되지 않았다면 스펀지 등을 이용하여 오염된 부분만 닦아내자. 와인이나 소스류가 묻었을 때는 청량음료를 이용해 제거할 수 있다. 양복은 욕실(스팀이 있는 곳)에 두는 것도 좋다.

### 팁 5. 단추는 두 개만 풀어라

셔츠의 단추를 하나만 풀면 방금 넥타이를 푼 것 같고 경직되어 보인다. 단추를 세 개 풀면 지나치게 올드해 보이거나 지저분해 보일 수 있다. 두 개가 적당하다.

### 팁 6. 맞는 옷깃을 골라라

자신의 목 형태에 맞는 옷깃을 골라라. 목이 긴 사람은 높고 긴 옷깃을, 짧은 사람은 낮은 옷깃을 고르는 게 균형 있어 보인다.

### 팁 7. 재킷의 마지막 단추는 채우지 마라

재킷의 마지막 단추는 미관상 달린 것이다. 채우지 마라. 재킷의 전체적인 모양이 나빠질 수 있다.

**팁 8. 넥타이의 매듭은 셔츠의 옷깃 사이즈에 맞게**

옷깃이 큰 양복에는 크거나 중간 사이즈의 매듭이 어울리며, 작은 옷깃에는 작은 사이즈의 매듭이 어울린다.

**팁 9. 맞춤 = 완벽한 핏**

기성복이 완벽하게 맞는 사람은 없다. 그래서 맞춤옷이 필요하다. 팔 길이가 맞지 않는 경우가 많다.

**팁 10. 관리는 기본!**

코털은 스타일을 망친다. 무엇이 되었든 창피한 상황을 피하기 위해 항상 관리하라.

**팁 11. 자신에게 맞는 향을 써라**

샤워 후 데오드란트를 바르고 자신의 취향에 맞는 향수를 뿌려라. 향이 너무 강하면 오히려 불쾌감을 준다. 손목이나 목에 가볍게 사용하라. 거듭 말하지만, 너무 강한 향은 마이너스다.

**팁 12. 계절에 맞게 입어라**

겨울에는 흰색 트레이닝복을 입지 말자. 여름에는 제발 부츠 좀 신지 말자. 간단하다.

**팁13. 트레이닝복에는 티셔츠를 꺼내 입어라**

안으로 넣어 입으면 세상물정 모르는 모범생 같아 보인다.

### 팁14. 셔츠를 넣어 입어야 할 때

정장 구두에는 셔츠를 넣어 입어야 한다. 하지만 캐주얼 신발을 신었을 때에는 꺼내 입어도 괜찮다. 다만, 이 경우 셔츠가 엉덩이 선보다 길지 않아야 한다.

### 팁15. 벨트

캐주얼하게 입을 때는 꼭 벨트를 할 필요는 없다. 캔버스 벨트는 청바지나 다른 바지에 시도해도 좋다. 하지만 더비나 브로그 구두를 신을 때는 벨트와 신발을 맞추는 게 바람직하다. 그냥 일반적인 모양의 벨트를 사도 무방하다. 청바지를 입을 때는 버클이 커도 괜찮지만 그 외 바지를 입을 때는 작은 게 좋다.

### 팁 16. 포켓 행커치프

포켓 행커치프는 변화무쌍하게 쓸 수 있지만 양복과 맞출 필요는 없다. 넥타이나 셔츠 혹은 신발에 맞춰라.

### 팁 17. 바지 밑단

바지 밑단은 가장 신경 써야 할 부분이다. 짧거나 잘린 밑단이라면 바지는 아랫쪽 통이 약간 좁아져야 한다. 넓은데 짧은 밑단은 좋지 않다. 치노 바지를 롤업하여 입으면 편안한 캐주얼 룩으로 좋다.

### 팁 18. 보석, 할 것인가 말 것인가?

남자의 보석류는 항상 논쟁거리다. 남성미가 느껴지는 걸 고르는 게 중요하다. 의미 있는 기념 반지나 집안 대대로 내려온 유산 등 그럴 만한 이유가 있으면 껴도 좋다. 빈티지한 스타일도 나쁘지 않다. 남성적이며 심플할수록 좋다. 여성스럽다고 느껴지는 것은 피하는 게 상책이다. 남자가 보석을 하고 있느냐 그렇지 않으냐는 의외로 많은 것을 시사한다. 신중히 선택하라.

### 팁 19. 가방

꼭 필요한 걸 넣을 수 있는 가방을 선택하되 너무 큰 것은 피하라. 캐주얼에는 빈티지한 가죽 가방이 어울리기도 한다.

### 팁 20. 색의 대조

대조적인 색이 겹치지 않게 주의하라. 옷이 모노톤이라면, 색이 있는 액세서리를 고르거나 신발로 액센트를 주는 것도 좋다.

### 팁 21. 일상적 아이템 때문에 시간을 낭비하지 마라

양말과 속옷은 많을수록 좋다. 할인 판매할 때 잘 쟁여놓아라.

### 팁 22. 숙취를 숨기는 법

깨끗한 흰색 셔츠를 입고 면도를 말끔히 하면 숙취가 감춰지기도 한다. 얼굴에 수염이 남아 있으면 피곤한 인상을 준다. 흰색을 입으면 거의 모든 피부 톤이 더 화사하고 상쾌해 보인다.

인터뷰

# 나이가 들어도 단단함이 드러나는 스타일이 좋다

## 최우정

**자신을 간략하게 소개해주세요.**

신세계 그룹 이커머스 총괄 부사장입니다. 유명했던 쓱닷컴 광고를 떠올리시면 됩니다. 사진 찍고, 음악 듣고, 책 읽고, 이런 혼자 노는 활동을 좋아하는 50대의 중년 아저씨입니다.

**패션의 시작은 ______ 이다.**

바지. 핏이 좋은 바지는 전체 패션에서 척추 같은 역할을 하는데 남자 바지는 늘 스타일과 색상이 한정되어 고민이 되죠. 남자 바지는 적절히 입기가 어렵습니다. 그래서 패션의 시작은 바지라고 생각합니다.

**패션의 완성은 ______ 이다.**

신발. 깔끔하고 잘 어울리는 신발을 신은 사람을 보면 항상 멋지다고 생각합니다. 사실 신발은 바지만큼 스타일링 하기 어렵습니다. 즉흥적으로 신발을 많이 구매하지만, 정작 신고 다니는 신발은 한두 켤레가 전부입니다. 결국 그냥 편한 신발을 찾게 되지요. 물론 스타일을 해치지 않는 선에서 선택합니다. 신발에 신경을 많이 쓰고 스타일링 하는 사람이 진정한 패피(패션 피플)라고 생각합니다.

**언제, 어떤 이유로 패션에 관심을 갖게 되었나요?**

동기라고 하니 너무 거창하군요. 예전부터 자신을 표현하는 일을 많이 했는데, 그런 것들이 패션과도 연결되는 지점이 있었지 않나 생각합니다. 자신을 표현하는 데 패션만 한 것이 없으니까요.

**본인이 생각하거나 경험했던 최고의 스타일(패션)과 최악의 스타일(패션)을 알려 주세요.**

몇 년 전 피렌체에 갔을 때 본 노신사의 스타일에 감명을 받았습니다. 체구가 그렇게 크지 않았는데, 깔끔하고 세련되게 잘 차려입은 느낌이 정말 단단해 보였습니다. 나이가 들었음에도 여전히 강인한 느낌이 좋았습니다. 저렇게 늙어갔으면 좋겠다는 생각이 들더군요.

**스타일(패션)에 관한 스승이 있다면 누구인지요?**

잡지를 많이 보는 편입니다. 십수 년 전 온라인 쇼핑 일을 하면서 잡지를 많이 접했습니다. 잡지를 보다 보니 트렌드를 알게 되었고, 트렌드를 알게 되니 그렇게 입게 되는 것 같은 느낌도 듭니다. 물론 트렌드는 내 스타일 안에서 소화하려고 합니다. 트렌드를 무조건 따라가진 않습니다.

**가장 선호하는 패션 브랜드나 디자이너가 있나요?**
브랜드는 디올 옴므와 더 쿠플스. 디자이너는 당연히 에디 슬리먼.

**누구 혹은 무엇으로부터 스타일(패션)에 관한 영감을 얻는지요?**
사진 찍는 걸 좋아합니다. 특히 사람 사진. 외국에 나가면 카메라는 들고 다니는데, 찍다 보면 그 사람들의 스타일이 보이고 마음에 드는 스타일을 발견하면 자연스럽게 비슷한 패션 아이템들을 구매합니다.

**스타일(패션)이 삶과 일에 어떤 영향을 준다고 생각하시는지요?**
회사를 다니면서 스타일에 관심을 갖고 드러내는 사람들은 의외로 많지 않습니다. 관심이 없어서 혹은 너무 튈까 봐 두려워하는, 한국 사회의 정서를 고려한 반응이기도 하겠지요. 한국 사회에서 자신의 스타일을 보인다는 것은 자신감의 표현 혹은 욕 먹는 거 각오한 무모한 도전쯤 됩니다. 남자의 경우 그런 경향이 더 두드러집니다. 스타일에 신경 쓰면서 일을 똑바로 하면 멋진 사람으로 각인되고 반대라면 겉멋 든 놈이 됩니다. 그래서인지 스타일에 신경을 쓰면 자신이 하는 일을 보다 완성도 있게 처리하려는 성향이 생기는 것 같습니다. 매너도….

**가장 선호하는 스타일(패션)과, 어쩔 수 없이 입지만 편하지 않은 스타일(패션)을 하나씩 꼽는다면?**
스키니한 스타일. 나이가 많아서 이런 스키니한 스타일 소화하기가 쉽지 않습니다. 그래서 항상 체중 관리를 합니다. 스키니한 스타일이 잘

*한국 사회에서 자신의 스타일을 보인다는 것은 자신감의 표현 혹은 욕 먹는 거 각오한 무모한 도전쯤 됩니다. 남자의 경우 그런 경향이 더 두드러집니다. 그래서인지 스타일에 신경을 쓰면 자신이 하는 일을 보다 완성도 있게 처리하려는 성향이 생기는 것 같습니다. 매너도….*

맞는 몸을 만들려고 항상 신경 쓰는 편입니다.
입기가 내심 괴로운 옷은 골프복입니다. 알록달록한 데다가 핏도 엉성하게 떨어지는, 편하기는 하지만 입으면 많이 어색합니다. 꽉 끼는 골프복…은 이상하겠죠? 시크하면서도 편안한 골프복이 있었으면 좋겠네요. 골프복은 꼭 이렇게 아웃도어 의류 같은 느낌이어야 할까요?

**가장 아끼는 패션 아이템은 무엇인가요?**
향수? 외출하기 전 향수를 뿌리면 항상 기분이 좋아집니다.

**집에서는 어떤 옷차림으로 있는지요?**
여름엔 반바지에 티셔츠, 겨울엔 트레이닝복 바지에 티셔츠를 입습니다.

**앞으로 1~2년 내에 꼭 사고 싶은 패션 아이템은 무엇인가요?**
시계. 종류별로 다 가지고 싶습니다.

**스타일(패션)에 관해 동료나 후배들에게 할 조언은 무엇인가요?**
옷을 줄여 입으세요. 중년의 남자들은 배가 나옵니다. 그럼 바지도, 윗옷도 배에 맞는 사이즈로 입지요. 이러면 배 말고 다른 부분은 다 맞지 않습니다. 가장 보기 싫은 차림이 맞지 않는 옷을 입는 것입니다.

**스타일(패션)에 관한 자신만의 철학은 무엇인가요?**
비싼 옷을 어쩌다 사 입기보다는 가격이 합리적인 옷을 자주 사 입는 편입니다. 인간의 몸은 체형이 자주 바뀌고 트렌드도 미묘하게 바뀌기 때문에 비싼 옛날 옷보다는 적절히 저렴한 요즘 옷이 좋다고 생각합니다.

인터뷰

# 패션은 내 존재 방식의 감응이다

## 양재현

**자신을 간략하게 소개해주세요.**

대학 시절 록 보컬리스트, 수도경비사 시절 발칸포 사수, 31세 넥서스 커뮤니티 창업 25년 차 CEO, 시민연극극단 창설 현재 7년 차 연극배우, 한국예술종합학교 예술경영 전문사 졸업 MA Master of Art 학위 취득. 그렇지만 최근 자신이 누군지 모른다는 것을 경험으로 발견한 인생 57년 차 양재현입니다.

**패션의 시작은 _____ 이다.**

반응 reaction. 패션은 내 바깥 대상들에 대한 반응에서 시작된다고 생각합니다. 대상은 무엇이든 될 수 있습니다. 내 옷이나 내 몸일 수도 있으며 다른 이의 시선일 수도 있지요. 발견하고 인식한 다음, 깨닫는 일일 겁니다.

**패션의 완성은 ______ 이다.**

감응response. 이제 내 바깥에 있는 것들에 대해 반응하며, 그 반응의 경험이 하나둘 쌓이면, 내 안 어디서든 응당 응답이 갈 테지요. 내 안의 존재 방식과 반응의 경험들이 감응을 이룰 때 패션과 나는 둘이 아닌 하나가 된다고 믿습니다.

**언제, 어떤 이유로 패션에 관심을 갖게 되었나요?**

초등학교 다니던 시절, 마음을 뒤흔든 예쁜 짝이 생겼을 때부터. 지금까지 줄곧, 관심 받고 싶은 이성이 주변에 있을 때 패션에 대한 관심이 최고조에 이르게 됨은 틀림없는 것 같습니다(웃음).

**본인이 생각하거나 경험했던 최고의 스타일(패션)과 최악의 스타일(패션)을 알려주세요.**

최고의 스타일은 군대 휴가 때 밤 새워 준비한 날이 선 군복과 거울같이 광이 난 군화입니다. 최악의 스타일은 대학 병영 훈련 후 첫 미팅 때 입고 나간 아버지 양복과 구두입니다.

**스타일(패션)에 관한 스승이 있다면 누구인지요?**

글쎄요…. 롤모델을 두면서 스타일을 생각한 적이 없는 것 같습니다.

**가장 선호하는 패션 브랜드나 디자이너가 있나요?**

폴 스미스입니다. 몇 년 전 그가 방한했을 때 30분 정도 독대한 경험이 있습니다. 짧은 시간이었지만, 나이가 들어도 생생하게 살아 있는 크리에이티브한 면이나 열정에 크게 감화되었습니다.

**누구 혹은 무엇으로부터 스타일(패션)에 관한 영감을 얻는지요?**

젊은 시절엔 동경했던 록 스타들. 짐 모리슨, 재니스 조플린, 지미 헨드릭스, 요즈음은 재즈 뮤지션들이 영감이 되어주네요. 윈튼 마샬리스, 크리스 보티… 스팅???

**스타일(패션)이 삶과 일에 어떤 영향을 준다고 생각하시는지요?**

상대와 처음 만날 때 흔히 제 명함을 주게 되죠. 그처럼 스타일 역시 내가 누구인지를 세상에 알려줍니다. 그리고 스스로 자신이 누구인지를 발견(경험)하게 되는 계기가 됩니다.

**가장 선호하는 스타일(패션)과, 어쩔 수 없이 입지만 편하지 않은 스타일(패션)을 하나씩 꼽는다면?**

청바지에 라운드 티가 가장 편합니다. 제가 선호하는 스타일이죠. 반대로 명절 제사 때 입게 되는 영혼 없는 패션(와이셔츠에 양복 바지).

**가장 아끼는 패션 아이템은 무엇인가요?**

트럼펫과 기타입니다.

**집에서는 어떤 옷차림으로 있는지요?**

딱 붙는 라운드 티에 트레이닝복 하의.

**앞으로 1~2년 내에 꼭 사고 싶은 패션 아이템은 무엇인가요?**

시계.

*상대와 처음 만날 때 흔히 제 명함을 주게 되죠.*
*그처럼 스타일 역시 내가 누구인지를 세상에 알려줍니다.*
*그리고 스스로 자신이 누구인지를 발견(경험)하게 되는 계기가 됩니다.*

**스타일(패션)에 관해 동료나 후배들에게 할 조언은 무엇인가요?**

외부 반응의 대상으로부터 해방을 선언하고 내면의 소리에 귀 기울여라.

**스타일(패션)에 관한 자신만의 철학은 무엇인가요?**

건축물은 벽과 공간으로 이루어져 있습니다. 우리는 건축물의 외관인 벽이 집이라 생각하지만 우리는 벽 속에 머무를 수 없습니다. 우리는 항상 벽 사이의 공간에 머무를 뿐입니다. 벽의 모습에 따라 집들이 구분되지만 어떤 집이건 공간은 다름이 없습니다. 단지 우리가 벽에 영향을 받아 공간을 다르다고 느끼는 거죠. 저의 패션에 대한 철학은 이것입니다.

"벽에 대한 반응으로부터 패션이 시작되지만, 벽과 벽 사이의 공간에서 호흡하는 내 존재 방식을 통해서 완성된다."

인터뷰

# 패션은 나의 잠재력과 자질을 보여준다

## 은광표

**자신을 간략하게 소개해주세요.**

80년대 초 외국계 IT 회사에 입사하고 나서 기술·영업직을 거쳐 90년대 초 IT 벤처 회사를 창립했습니다. 이후 10여 년 동안 금융회사를 위한 솔루션을 제공하는 일을 했습니다. 2000년대 초 IT업계를 떠나 와인업계로 전향했습니다. 대한민국 와인업계 1세대로서 현재까지도 와인 전도사로서 활발히 활동 중입니다. 와인레스토랑 까사 델 비노Casa del Vino 대표이사, 와인저장고 CAVE481 대표를 맡고 있습니다.

**패션의 시작은 ______ 이다.**

다양한 문화적 대상을 호기심 있게 경험하고 공부하는 것.

**패션의 완성은 ______ 이다.**

몸 위에 걸친 모든 것에 대한 자신감.

**언제, 어떤 이유로 패션에 관심을 갖게 되었나요?**

동기와 시기는 기억할 수 없으나 국민학교 입학 때 입었던 교복, 중고등 시절의 교복, 군대에서 입던 군복까지 누구나 같은 옷을 입게 되죠. 똑같이 입어도 달리 보인다거나 잘 어울린다는 얘기를 종종 들었습니다. 관심이 있었다기보다는 취향상 헐렁한 옷을 싫어하고 몸에 편하게 맞는(요즘 말로 '핏'이 맞는) 옷을 좋아했던 것 같습니다.

**본인이 생각하거나 경험했던 최고의 스타일(패션)과 최악의 스타일(패션)을 알려주세요.**

영화 '007 살인번호007 Dr.No' 주인공인 숀 코넬리가 입은 흰색 턱시도야말로 최고의 스타일이었다고 생각합니다. 최악의 스타일은… 국내 최고의 패션 스타일리스트 중 한 명의 스타일이라는 정도로만 말하겠습니다.

**스타일(패션)에 관한 스승이 있다면 누구인지요?**

스타일에 스승까지 필요할까 싶습니다. 나만의 스타일이라는 건 언제나 자기 자신 안에서부터 시작하는 법이니까요.

**가장 선호하는 패션 브랜드나 디자이너가 있나요?**

한 가지를 꼽기 어렵군요. 다만, 시간에 따라 스타일 트렌드는 다소 변하게 마련인데, 시간이 한참 지나도 다시 돌아오는 그런 브랜드를 선호합니다.

**누구 혹은 무엇으로부터 스타일(패션)에 관한 영감을 얻는지요?**

해외 스트리트 패션 블로거를 재미있게 보는 편입니다.

**스타일(패션)이 삶과 일에 어떤 영향을 준다고 생각하시는지요?**

스타일이 필요 없는 일에 종사하는 경우(예를 들어, 공장 유니폼 종사자) 크게 영향을 주지 않겠지만, 서비스를 제공하는 모든 직종에 있는 사람들에게 보이지 않는 큰 영향을 준다고 생각합니다. 보여지는 스타일이 상대방에 대한 나의 포텐셜과 퀄리티를 보여줄 수 있기에.

**가장 선호하는 스타일(패션)과, 어쩔 수 없이 입지만 편하지 않은 스타일(패션)을 하나씩 꼽는다면?**

다양한 컬러의 바지, 스트라이프 무늬의 드레스 셔츠를 선호합니다. 반면 넥타이나 헐렁한 옷은 그다지 편하게 느껴지지 않더군요.

**가장 아끼는 패션 아이템은 무엇인가요?**

바지. 업무상 정장을 입지 않아도 되므로 재킷을 잘 입지 않게 됩니다. 또 요즘 다양한 액세서리로 멋을 내는 남성들이 많지만 저에게는 린넨 소재의 스카프 그리고 클래식 스타일의 순은 체인 모양 팔찌가 적합한 듯합니다.

**집에서는 어떤 옷차림으로 있는지요?**

여름에는 얇은 7부 면바지에 티셔츠, 겨울에는 플리츠 바지에 스웨트 셔츠.

*패션의 시작은*
*"다양한 문화적 대상을 호기심 있게 경험하고 공부하는 것."*

**앞으로 1~2년 내에 꼭 사고 싶은 패션 아이템은 무엇인가요?**

파나마 햇?

**스타일(패션)에 관해 동료나 후배들에게 할 조언은 무엇인가요?**

옷을 아무렇게나 입지 말고 항상 생각하고 입자. 그리고 TPO에 맞는 코디를 하자.

**스타일(패션)에 관한 자신만의 철학은 무엇인가요?**

자기가 좋아하는 스타일을 먼저 찾고, 자기 분수에 맞는 옷을 입고….

인터뷰

# 패션은 나를 관찰하는 일이다

## 조환수

**자신을 간략하게 소개해주세요.**

패션 리테일링에 뛰어든 지 어느덧 23년째가 되어갑니다. 패션 리테일링 외길 인생이라고 할까요? 이제는 스스로도 겸손하게나마 패션인이라고 칭해도 될 것 같습니다. 현재는 ㈜브랜드라이프스타일의 대표이사입니다.

**패션의 시작은 ______ 이다.**

관찰. 다른 무엇보다도 나를 돌아보는 관찰이 우선되어야 한다고 생각합니다.

**패션의 완성은 ______ 이다.**

남을 위해 옷을 입을 때. 나만 만족하는 패션에 그친다면 때로는 과해질 수도 있습니다. 나의 만족뿐만 아니라 상황에 맞는 차림, 얼굴을 마주했을 때 상대방에게도 유쾌하고 기분 좋은 영감을 준다면 더할 나위 없겠죠.

**언제, 어떤 이유로 패션에 관심을 갖게 되었나요?**

패션보다는 고객과 직접 만나는 리테일링에 관심이 많았습니다. 특히 클래식함에 디테일이 더해져 매년, 매 시즌 극적으로 트렌드가 바뀌는 패션업계가 매력적이더군요. 패션이 더 역동적인 리테일링 마켓이라 생각하면서 패션에 관심을 갖게 되었습니다.

**본인이 생각하거나 경험했던 최고의 스타일(패션)과 최악의 스타일(패션)을 알려 주세요.**

최악과 최고를 생각해본 적이 없습니다.

**스타일(패션)에 관한 스승이 있다면 누구인지요?**

롤모델이나 모범으로 두는 인물은 없습니다. 잡지나 패션 전문 사이트, 길거리 등 여러 채널을 최대한 관찰하고 나서 나에게 어울리는 스타일링을 하는 편입니다.

**가장 선호하는 패션 브랜드나 디자이너가 있나요?**

음… 딱히 없습니다. 굳이 하나만 뽑으라면 크리스찬 디올의 남성 라인을 선호합니다.

**누구 혹은 무엇으로부터 스타일(패션)에 관한 영감을 얻는지요?**

〈보그〉나 〈GQ〉 같은 잡지를 즐겨 보는 편입니다. 인터넷 패션 전문 사이트, 길거리 패션 등도 자주 보는데, 패션이 생활에 깊이 스며 있으니 일반인들의 패션 또한 제게 영감이 됩니다.

**스타일(패션)이 삶과 일에 어떤 영향을 준다고 생각하시는지요?**

"생각, 격식, 사건에도 패션이 녹아 있다." 코코 샤넬의 말이죠. 한 인간의 스타일링에는 그 사람의 내면과 태도가 배어 있다고 믿습니다.

**가장 선호하는 스타일(패션)과, 어쩔 수 없이 입지만 편하지 않은 스타일(패션)을 하나씩 꼽는다면?**

캐릭터 캐주얼이나 캐주얼 정장 등 활동성이 좋고 편안한 느낌으로 입을 수 있는 스타일을 선호합니다. 다만 가끔 여러 이유로 산을 타야 할 때가 있는데, 등산복을 입어야 하는 순간이 늘 고역이더군요.

**가장 아끼는 패션 아이템은 무엇인가요?**

스카프와 양말입니다.

**집에서는 어떤 옷차림으로 있는지요?**

스포츠 언더웨어. 거의 벗고 있는 셈이죠(웃음).

**앞으로 1~2년 내에 꼭 사고 싶은 패션 아이템은 무엇인가요?**

가죽 재킷. 가을, 겨울이 돌아오면 역시 가죽 재킷의 멋스러움에 눈길이 갑니다.

"생각, 격식, 사건에도 패션이 녹아 있다."
코코 샤넬의 말이죠.
그 사람의 스타일에는 한 인간의 내면과 태도가 배어 있다고 믿습니다.

**스타일(패션)에 관해 동료나 후배들에게 할 조언은 무엇인가요?**

자기 자신에 대해 아는 것이 중요하죠. 자존감이나 가치, 격식, 자존감 같은 내적인 가치도 있지만, 외면적으로 뚱뚱하다, 말랐다 등 자기 체형에 대한 객관적인 지표를 파악하고 있어야 합니다.

같은 맥락에서 '관찰하기'도 중요하죠. 끊임없이 노력하기(따라 입어보기), 어울리는 나만의 스타일 찾기…. 나만의 스타일이란 것이 그냥 얻어지는 것이 아니더군요.

**스타일(패션)에 관한 자신만의 철학은 무엇인가요?**

"나를 위해 먹고, 남을 위해 입는다."

CORNELIANI
Corneliani

인터뷰

# 있는 그대로의 자신을 드러내다

## 서병탁

**자신을 간략하게 소개해주세요.**

삼성 입사하고 나서, 신세계 백화점과 신세계 인터내셔날에서 15년간 근무하는 동안 유통을 비롯하여 다양한 명품 브랜드 패션을 배우고 경험할 기회가 많았습니다. 이에 힘입어, 이후 캘빈클라인 코리아 대표로 10여 년간 캘빈클라인 진, 언더웨어 등 성공을 경험하고 현재는 85년 헤리티지의 이태리 남성 명품 꼬르넬리아니 사업을 전개 중입니다.

**패션의 시작은 _____ 이다.**

관심. 자신을 성찰하고, 알고, 발전해가는 것. 나 자신을 알아야 그에 걸맞은 스타일과 패션을 찾아갈 수 있습니다.

**패션의 완성은 _____ 이다.**

자신감. 자신을 있는 그대로 드러내는 것. 다른 사람의 스타일은 결국 다른 사람의 것일 뿐입니다. 있는 그대로의 나를 똑바로 바라보고 받아들인 후에야 그 자신감이 자신만의 스타일로 나타납니다.

**언제, 어떤 이유로 패션에 관심을 갖게 되었나요?**

신세계에 입사하여, 신세계백화점 매입부와 신세계인터내셔날에서 브랜드 사업을 경험하게 되었습니다. 숙명 같은 우연 덕에 이렇게 패션에 관심을 갖게 되었습니다.

**본인이 생각하거나 경험했던 최고의 스타일(패션)과 최악의 스타일(패션)을 알려주세요.**

몸에 잘 맞고 편안하게 감기는 그레이 스트라이프 슈트. 오버사이즈 슈트는 정말 싫더군요.

**스타일(패션)에 관한 스승이 있다면 누구인지요?**

꼬르넬리아니 그룹의 3세 경영인 크리스티아노 꼬르넬리아니. 잘생긴 용모에 격조 있게 세련된 이태리 나성 패션의 정수를 보여줍니다.

**가장 선호하는 패션 브랜드나 디자이너가 있나요?**

액세서리는 토즈, 슈트와 비즈니스 캐주얼은 꼬르넬리아니.

**누구 혹은 무엇으로부터 스타일(패션)에 관한 영감을 얻는지요?**

이태리 건축가인 알렉산드로 멘디니와 미국 영화배우 스티브 맥퀸입니다.

**스타일(패션)이 삶과 일에 어떤 영향을 준다고 생각하시는지요?**

자신감과 만족감, 스타일은 나에 대해 알고 그것을 패션이라는 것과 결부하는 일입니다. 스타일에 신경 씀으로써 이전과 다른 나를 발견하고, 거기서부터 나 자신에 대한 긍정을 발견할 수 있지요. 자신감은 삶의 여러 부분에 영향을 미칩니다. 결국 스타일, 패션은 긍정과 성취라는 에너지를 삶 곳곳으로 실어나르는 셈이지요.

**가장 선호하는 스타일(패션)과, 어쩔 수 없이 입지만 편하지 않은 스타일(패션)을 하나씩 꼽는다면?**

비즈니스 캐주얼이 많이 가미된 꼬르넬리아니 아이덴터티 코트를 선호합니다.

**가장 아끼는 패션 아이템은 무엇인가요?**

슈트(글렌체크와 스트라이프).

**집에서는 어떤 옷차림으로 있는지요?**

트레이닝 조거 팬츠와 맨투맨 티.

**앞으로 1~2년 내에 꼭 사고 싶은 패션 아이템은 무엇인가요?**

내 맘에 꼭 드는 시계.

**스타일(패션)에 관해 동료나 후배들에게 할 조언은 무엇인가요?**

관심, 자신감, 배려와 팀워크.

*스타일은 나에 대해 알고 그것을 패션이라는 것과 결부하는 일입니다.*
*스타일에 신경 씀으로써 이전과 다른 나를 발견하고,*
*거기서부터 나 자신에 대한 긍정을 발견할 수 있지요.*

**스타일(패션)에 관한 자신만의 철학은 무엇인가요?**

Express yourself! No exhibit!

인터뷰

# 배려가 담긴 스타일을 바란다

## 정선용

**자신을 간략하게 소개해주세요.**

환경공학을 공부하고 사회적으로 환경 문제에 대한 인식이 부족했던 90년대 초에 엔지니어로 사회생활을 시작했습니다. 90년대 말에 환경 벤처회사를 창업하여 현재까지 경영하고 있습니다. 결과물에 대한 신뢰와 시스템적 사고를 중시한다는 것이 공학 출신으로서의 장점이자 단점입니다.

**패션의 시작은 ______ 이다.**

상대에 대한 배려. 사람의 일상은 사람과의 관계에서 시작해서 관계로 마무리됩니다. 사람을 만나서 무엇인가를 요구하거나 요구받는 것이 비즈니스 세계의 일상인 것을 고려하면, 패션은 짧게 말해 배려라고도 하겠습니다. 상대방이 신뢰감을 갖고 편안하게 대할 수 있도록 배려하는 것이죠.

**패션의 완성은 _____ 이다.**

구두. 사람은 일정한 거리를 두고 사람을 만나서 점점 가까워집니다. 내면적으로도 마찬가지입니다. 나는 구두를 비롯한 신발의 색이나 디자인의 조화로 정돈성을 판단합니다. 잘 정돈된 느낌은 그 사람 전체를 기억하고 신뢰하는 데 도움이 됩니다.

**언제, 어떤 이유로 패션에 관심을 갖게 되었나요?**

제가 몸담은 업계는 사회적 이슈와 제도적 첨예함이 분위기를 주도하는 분야입니다. 저는 비교적 젊은 나이에 사업을 계획하고 진출했습니다. 비즈니스 대화가 늘 그렇듯 상대가 긴장 상태에 있으므로 기술적으로나 제도적인 제 조언에 신뢰를 갖게 하는 것이 중요했습니다. 지금 갖춰진 제 나름의 스타일 원칙은 이런 생각을 바탕으로 만들어진 것입니다.

**본인이 생각하거나 경험했던 최고의 스타일(패션)과 최악의 스타일(패션)을 알려주세요.**

스타일은 내면을 외적으로 표현하는 일이라고 할 수 있습니다. 장소와 대상을 고려하고 배려해야 합니다. 이를 잘 고려해 스타일링 했다면 설령 값비싼 브랜드가 아닐지라도 최고로 좋은 패션이라 할 수 있을 것입니다. 그렇지 못하다면 아무리 좋은 브랜드의 고가 제품이더라도 최악일 테지요.

**스타일(패션)에 관한 스승이 있다면 누구인지요?**

25년 전에 작고하신 선친이 남기신 50여 점의 넥타이와 70년대 후반에 구입해 사용하셨던 철제 서류 가방 샘소나이트를 아직 가지고 있습니다. 어린 시절 아버지가 입었던 정장 패션의 반듯한 인상이 마음속에 깊게 남아 있습니다.

**가장 선호하는 패션 브랜드나 디자이너가 있나요?**

과거에 몇몇 브랜드의 제품들을 선호하여 구매하였으나 최근에는 내 몸에 잘 맞게 디자인해주는 맞춤 정장을 선호합니다.

**누구 혹은 무엇으로부터 스타일(패션)에 관한 영감을 얻는지요?**

특별히 조언을 구할 만한 컨설턴트는 없습니다. 다만, 몇 번의 방송 출연에서 얻은 경험을 참고해서 전문가의 조력을 받는 공중파 뉴스의 앵커나 MC의 패션을 눈여겨봅니다.

**스타일(패션)이 삶과 일에 어떤 영향을 준다고 생각하시는지요?**

미국 UCLA의 심리학자 앨버트 메라비언이 연구 조사한 바에 의하면, 청중은 프레젠터의 태도(인상) 55퍼센트, 전달 방법(음성) 38퍼센트, 내용 7퍼센트 순으로 의사결정을 합니다. 내용과 음성적인 전달 방법보다 외형적 요소가 더 많은 비중을 차지한다는 말이지요. 좋은 스타일은 일의 성공 확률을 높일 뿐만 아니라 삶에도 좋은 영향을 줍니다.

**가장 선호하는 스타일(패션)과, 어쩔 수 없이 입지만 편하지 않은 스타일(패션)을 하나씩 꼽는다면?**

외부 일이 많은 저로서는 공사나 장소에 구애 없이 무난히 입을 수 있는 정장을 선호하는데, 실제로 편안함을 느낍니다. 스포티한 분위기는 그다지 좋아하지 않지만 함께 어울려야 하므로 편치 않게 입습니다.

*스타일은 내면을 외적으로 표현하는 일이라고 할 수 있습니다.*
*장소와 대상을 고려하고 배려해야 합니다.*
*이를 잘 고려해 스타일링 했다면 설령 값비싼 브랜드가 아닐지라도*
*최고로 좋은 패션이라 할 수 있을 것입니다.*

**가장 아끼는 패션 아이템은 무엇인가요?**

정장에 착용할 수 있는 약간의 액세서리, 특히 커프 링크스를 즐겨 하다 보니 꽤 여러 점을 모으게 되었습니다.

**집에서는 어떤 옷차림으로 있는지요?**

외출하지 않을 때는 최대한 편안한 옷차림으로 생활합니다. 외부 생활에 대한 보상심리일 수도 있겠군요.

**앞으로 1~2년 내에 꼭 사고 싶은 패션 아이템은 무엇인가요?**

선친께 물려받은 철제 서류 가방처럼 아들에게 물려줄 수 있는 비즈니스 백.

**스타일(패션)에 관해 동료나 후배들에게 할 조언은 무엇인가요?**

스타일은 자기에 대한 표현일 뿐만 아니라 상대방에 대한 배려입니다. 더 나아가서는 자기에 대한 자긍심의 표현이기도 합니다. 자신만의 스타일에 대해 스스로 연구하고 전문가에게 조언을 구하라고 말하고 싶군요.

**스타일(패션)에 관한 자신만의 철학은 무엇인가요?**

최근 편한 것이 진리라는 흐름이 많은 것 같습니다. 편한 것과 배려가 공존할 수 없다면 불편함은 다소 감수해야 한다고 생각합니다. 자신 이외의 대상에 대한 배려가 좀 더 좋은 세상을 만들 것입니다.

인터뷰

# 스타일은 훌륭한 셰프가 만든 기분 좋은 식사와 같다

## 이수형

**자신을 간략하게 소개해주세요.**

모바일 마케팅 컴퍼니 퍼플프렌즈 대표. 그리고 3집 가수.

**패션의 시작은 ______ 이다.**

관심. 패션에 관심을 가지는 순간 패션은 시작됩니다. 신경 쓰지 않을 때는 어떻게 해도 상관없던 것들이 일단 눈에 들어오기 시작하면 신경이 쓰이면서 어떻게든 다르게 바꿔보려는 시도를 하게 됩니다.

**패션의 완성은 ______ 이다.**

자신감. 머리에서 양말, 신발에 이르는 패션을 완성하고 나서 자신감으로 방점을 찍는 겁니다. 아무리 그럴듯하고 잘 어울리게 스타일링을 했어도 거기에 나 자신에 대한 당당함과 자신감이 없으면 그 패션이 빛나기가 힘들죠.

**언제, 어떤 이유로 패션에 관심을 갖게 되었나요?**
중학교 수학여행 사진을 찾아본 적이 있는데, 아주 멋을 부렸더군요(웃음). 구체적인 계기는 생각이 안 나지만 태생적으로 어릴 때부터 패션에 관심이 있었던 것 같습니다.

**본인이 생각하거나 경험했던 최고의 스타일(패션)과 최악의 스타일(패션)을 알려주세요.**
최고를 꼽는다면… 장소와 분위기에 맞는 패션이 중요한데, 송년파티에 입는 턱시도는 누구든 빛나게 해주는 것 같습니다. '베트멍' 같은 브랜드나 어딘지 난해해 보이는 스트리트 패션은 아직도 이해하기 힘듭니다. 나이가 들어서일까요?

**스타일(패션)에 관한 스승이 있다면 누구인지요?**
아내에게 자주 물어보는 편입니다.

**가장 선호하는 패션 브랜드나 디자이너가 있나요?**
특정 브랜드나 디자이너를 좋아하는 편은 아니나, 그래도 마음이 곧잘 갔던 디자이너는 있어요. 라프 시몬스나 톰 포드, 칼 라거펠트를 좋아합니다.

**누구 혹은 무엇으로부터 스타일(패션)에 관한 영감을 얻는지요?**

책을 많이 보는 편입니다.

**스타일(패션)이 삶과 일에 어떤 영향을 준다고 생각하시는지요?**

식사를 할 때를 생각해봅시다. 그냥 배만 채우느냐 아니면 훌륭한 셰프가 만든 맛있고 보기에도 근사한 음식을 먹느냐의 차이와 같습니다. 패션에 관심을 갖는다는 것은 삶과 일에 아주 큰 활력소가 된다고 생각합니다.

**가장 선호하는 스타일(패션)과, 어쩔 수 없이 입지만 편하지 않은 스타일(패션)을 하나씩 꼽는다면?**

약간 편한 스타일을 좋아하는데, 블랙진과 편한 티에 베스트 조합을 선호하고, 아무래도 넥타이를 맨 정장이 불편하죠. 다만, 넥타이 없는 세미 캐주얼은 선호하는 편입니다.

**가장 아끼는 패션 아이템은 무엇인가요?**

소품을 좋아하는 편이라 벨트와 안경, 행커치프, 보타이, 가방, 시계 등 다양한 소품을 매치하는 것을 좋아합니다. 그중 가장 아끼는 건… 가방입니다.

**집에서는 어떤 옷차림으로 있는지요?**

편한 바지와 편한 티셔츠(웃음).

*머리에서 양말, 신발에 이르는 패션을 완성하고 나서 자신감으로*
*방점을 찍는 겁니다. 아무리 그럴듯하고 잘 어울리게 스타일링을 했어도*
*거기에 나 자신에 대한 당당함과 자신감이 없으면*
*그 패션이 빛나기가 힘들죠.*

**앞으로 1~2년 내에 꼭 사고 싶은 패션 아이템은 무엇인가요?**

특별히 없군요.

**스타일(패션)에 관해 동료나 후배들에게 할 조언은 무엇인가요?**

나 자신이든 다른 사람에게든 관심을 가지는 게 중요합니다.

**스타일(패션)에 관한 자신만의 철학은 무엇인가요?**

나에게 잘 어울리는 것을 찾으세요. 그게 가장 중요합니다.

인터뷰

# 패션에도 절제와 균형이 필요하다

## 장인형

**자신을 간략하게 소개해주세요.**

외대 영어과를 졸업. 미국공인회계사. 벤처기업과 프랑스 연구소에서 CFO, CHRO를 역임했습니다. 지금은 출판사를 창업하고 대표 편집자로 일하고 있죠.

**패션의 시작은 ______ 이다.**

관심. 모든 것은 관심에서 시작되니까요.

**패션의 완성은 ______ 이다.**

바른 자세. 아무리 멋진 옷을 입어도 구부정한 자세로는 멋있기 힘들죠.

**언제, 어떤 이유로 패션에 관심을 갖게 되었나요?**

30대 후반, 멋진 수염을 기른 벤처사업가를 만난 적이 있습니다. 이후로 자신만의 스타일을 갖는 것이 얼마나 매력적인지 깨닫게 되었습니다. 처음엔 그 사업가처럼 수염을 길러보고 싶었으나, '따라쟁이'가 되지 않기 위해 머리를 조금 기르기 시작했습니다. 당시 막 패션에 관심을 갖기 시작했지만, 스타일이란 것이 따라 하는 것이 아니라 나에게 맞게 변용하는 것이라는 사실을 직감적으로 알고 있었던 것 같아요. 머리를 기르자 기존의 양복이 어울리지 않게 되었고, 점차 옷과 신발, 액세서리 등에 관심을 갖게 되었습니다

**본인이 생각하거나 경험했던 최고의 스타일(패션)과 최악의 스타일(패션)을 알려주세요.**

구체적으로 생각하려니 어렵네요. 자신을 가장 잘 드러내면서 과하지 않은 스타일이 늘 좋더군요. 반대로 명품 브랜드로만 치장했다는 게 딱 느껴지는 스타일은 질색입니다.

**스타일(패션)에 관한 스승이 있다면 누구인지요?**

제가 쫓아가기는 힘들지만 앞에 소개된 양재현 대표입니다. 그분에게서 영감을 얻고요. 길거리 패셔니스타들로부터는 생각지도 못한 패션 감각을 발견하곤 합니다.

**가장 선호하는 패션 브랜드나 디자이너가 있나요?**

브랜드가 한눈에 드러나지 않는 모든 예쁜 것들. 굳이 하나를 꼽자면 폴 스미스 셔츠인데, 폴 스미스 전통 스타일(스트라이프 문양)이 드러나지 않는 단색의 셔츠가 좋습니다.

**스타일(패션)이 삶과 일에 어떤 영향을 준다고 생각하시는지요?**

좋은 스타일은 자신감을 갖게 합니다. 매력 있는 스타일은 상대에게도 좋은 인상을 주게 마련이죠. 여기에 전체적인 조화와 세련됨이 신뢰감을 주면서 상대에게 자신을 강하게 어필합니다.

**가장 선호하는 스타일(패션)과, 어쩔 수 없이 입지만 편하지 않은 스타일(패션)을 하나씩 꼽는다면?**

깔끔하고 단정하지만 예사롭지 않은 스타일. 어렵네요. 전체적으로 단정하지만 디테일이 유니크한 아이템으로 포인트를 주면서 개성을 드러냅니다.

정장은 제게 늘 편하지 않은 스타일입니다. 특히 넥타이까지 매야 하는 자리가 제일 불편합니다.

**가장 아끼는 패션 아이템은 무엇인가요?**

셔츠. 이 책에 나와 있는 것처럼 깔끔하고 세련된 색상의 단색 셔츠와 스트라이프나 일정한 패턴이 있는 셔츠는 저를 가장 돋보이게 해주는 아이템이라 생각합니다.

**집에서는 어떤 옷차림으로 있는지요?**

트레이닝복 차림이 가장 편합니다.

**앞으로 1~2년 내에 꼭 사고 싶은 패션 아이템은 무엇인가요?**

편안하고 예쁜 구두. 10여 년 전에 구입한 구두가 다 해져서 슬슬 새로 살 때가 되었네요.

*좋은 스타일은 자신감을 갖게 합니다. 매력 있는 스타일은*
*상대에게도 좋은 인상을 주게 마련이죠. 여기에 전체적인 조화와*
*세련됨이 신뢰감을 주면서 상대에게 자신을 강하게 어필합니다.*

**스타일(패션)에 관해 동료나 후배들에게 할 조언은 무엇인가요?**

우선 관심을 가져라. 그리고 바른 자세를 유지하라. 그러고도 시간이 남으면 건강한 몸을 만들어라.

**스타일(패션)에 관한 자신만의 철학은 무엇인가요?**

최근 유홍준 명지대 석좌교수가《삼국사기》의 여덟 글자를 소개하며 화제가 되었던 말이 있는데요. 검이불루 화이불치儉而不陋 華而不侈입니다. 검소하지만 누추하지 않고, 화려하지만 사치스럽지 않다라는 말인데요. 패션이나 스타일에 대해 제가 오랫동안 생각해왔던 것을 가장 잘 드러내고 있다는 생각이 들었습니다.

검소하지만 누추하지 않기 위해서는 옷을 잘 손질하고 깨끗하게 관리해야 하고요. 화려하지만 사치스럽지 않기 위해서는 고가 명품 브랜드보다는 자신에게 가장 잘 어울리는 색과 스타일을 찾을 필요가 있거든요.

# 남자 패션의 정석

지은이 제프 랙
옮긴이 강창호 김상진 박종철 송민우 이수형 심규태 장인형

이 책의 편집과 교정은 조혜정, 출력과 인쇄 및 제본은 꽃피는 청춘의 임형준이, 종이 공급은 대현지류의 이병로가 진행해주셨습니다. 이 책의 성공적인 발행을 위해 애써주신 다른 모든 분들께도 감사드립니다. 틔움출판의 발행인은 장인형입니다.

초판 1쇄 인쇄 2017년 11월 15일
초판 1쇄 발행 2017년 11월 30일

펴낸 곳 틔움출판
출판등록 제313-2010-141호
주소 서울특별시 마포구 월드컵북로4길 77, 353
전화 02-6409-9585
팩스 0505-508-0248
홈페이지 www.tiumbooks.com

ISBN 978-89-98171-38-4 13590

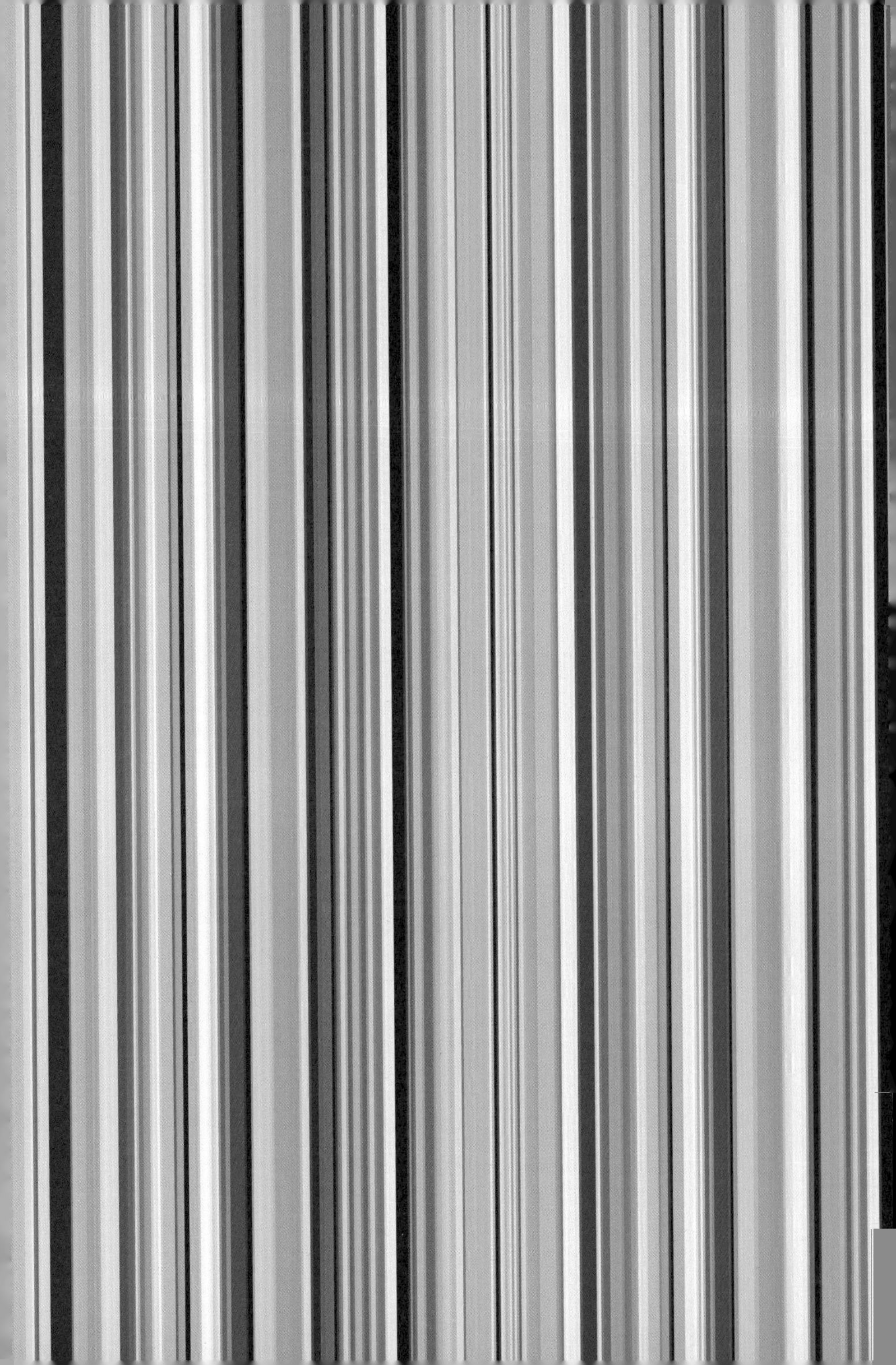